城市景观设计研究

路翰鹏◎著

吉林出版集团股份有限公司
全国百佳图书出版单位

图书在版编目（CIP）数据

城市景观设计研究 / 路翰鹏著 . -- 长春 : 吉林出
版集团股份有限公司 , 2023.3
ISBN 978-7-5731-3108-9

Ⅰ . ①城… Ⅱ . ①路… Ⅲ . ①城市景观 – 景观设计 –
研究 Ⅳ . ① TU984.1

中国国家版本馆 CIP 数据核字 (2023) 第 051155 号

城市景观设计研究
CHENGSHI JINGGUAN SHEJI YANJIU

著　　者　路翰鹏
责任编辑　王贝尔
封面设计　李　伟
开　　本　710mm×1000mm　　　1/16
字　　数　233 千
印　　张　13
版　　次　2023 年 3 月第 1 版
印　　次　2023 年 3 月第 1 次印刷
印　　刷　天津和萱印刷有限公司

出　　版　吉林出版集团股份有限公司
发　　行　吉林出版集团股份有限公司
地　　址　吉林省长春市福祉大路 5788 号
邮　　编　130000
电　　话　0431-81629968
邮　　箱　11915286@qq.com
书　　号　ISBN 978-7-5731-3108-9
定　　价　78.00 元

作者简介

路翰鹏，男，1984年3月出生，山东建筑大学艺术学院讲师，东北师范大学硕士研究生，主要研究方向：城市景观设计，景观雕塑设计。近年来主要讲授《景观设计表现技法》《构成设计》《城市夜景照明设计》《雕塑艺术》《环境设施设计》《城市景观设计》等课程，以第一作者在《山东建筑大学学报》《宿州教育学院学报》等期刊上发表论文多篇，参与省部级、厅级课题多项，参与完成横向课题多项，参编教材多部。

前　言

随着时代的发展，城市景观设计行业面临着很多新的机遇和挑战。一直以来，全球化、城市化和工业化给城市带来的各种环境问题都需要我们面对和解决，而除了这些已有的问题，又出现了城市景观设计中文化特色缺失、生态和生活环境被破坏等新的负面现象。在当前的时代背景下，解决这些问题，首先要做好预防准备。古人说"凡事预则立，不预则废"，想要创造良好的景观设计与建设，就要提前进行严谨、科学的景观设计策划。城市景观设计的价值想要得到体现，要以"预"为前提，从而也就要求我们要不断地加深对城市景观设计的重要性的认知，做好万全准备。

在城市规划中，城市景观设计占据十分重要的位置，其与城市的整体景观有着十分紧密的联系。想要将城市景观规划好，一方面要考虑良好工作、良好生活环境的创造；另一方面也要考虑对具备独特个性、景色优美特点的城市景观的设计和规划。城市景观设计的基本框架由城市的性质、规模、现状、条件、城市总体规划决定，而城市空间则决定了河湖水面、高地山丘等自然景观以及广场、绿地、公园等人文景观的设想和利用，也决定了城市内部的景观视线。在选择城市用地时，既要从城市性质和规模出发去调查分析景观设计用地，也要以城市景观要求为基础去调查城市用地的地形、地势、城市水系、名胜古迹、绿化树木以及有保留价值的建筑，这样才能进一步改善城市的总体规划。

本书共分为五章内容，其中第一章为城市景观设计相关理论，分为三节进行阐述，分别是城市景观设计概述、城市景观设计要素、城市景观设计内容；第二章为城市景观艺术设计研究，共分为三节，其中第一节为城市景观艺术设计综述，第二节为城市景观艺术设计构成，第三节为城市景观艺术设计方法与应用；第三章的主要内容为城市道路绿化景观设计研究，共分为三节，分别是城市与道路绿化景观理论、城市道路绿化景观设计、国内外城市道路绿化景观研究；第四章为城市公园景观设计研究，从以下四部分进行叙述，分别是城市公园景观概述、城市公园景观要素规划设计、城市公园绿地规划设计、城市公园景观设计价值认知；第五章主要内容为城市基础设施景观设计研究，共分为三节，依次为生态基础设施建设规划、绿色基础设施研究与规划、海绵城市理论与规划建设。

在撰写本书的过程中，作者得到了许多专家学者的帮助和指导，参考了大量的学术文献，在此表示真诚的感谢。本书内容系统全面，论述条理清晰、深入浅出，但由于作者水平有限，书中难免会有疏漏之处，希望广大同行及时指正。

作者

2022 年 6 月

目 录

第一章 城市景观设计相关理论·····················1
　　第一节 城市景观设计概述·····················1
　　第二节 城市景观设计要素·····················20
　　第三节 城市景观设计内容·····················38

第二章 城市景观艺术设计研究·····················43
　　第一节 城市景观艺术设计综述·····················43
　　第二节 城市景观艺术设计构成·····················50
　　第三节 城市景观艺术设计方法与应用·····················64

第三章 城市道路绿化景观设计研究·····················73
　　第一节 城市与道路绿化景观理论·····················73
　　第二节 城市道路绿化景观设计·····················85
　　第三节 国内外城市道路绿化景观研究·····················95

第四章 城市公园景观设计研究·····················112
　　第一节 城市公园景观概述·····················112
　　第二节 城市公园景观要素规划设计·····················115
　　第三节 城市公园绿地规划设计·····················139
　　第四节 城市公园景观设计价值认知·····················144

第五章　城市基础设施景观设计研究·························148

　第一节　生态基础设施建设规划·····················148

　第二节　绿色基础设施研究与规划·····················152

　第三节　海绵城市理论与规划建设·····················183

参考文献···198

第一章　城市景观设计相关理论

城市景观设计指的是用艺术设计的方法来研究城市景观的艺术创作、艺术设计，它的主要研究对象包括自然景观和人文景观，其中以城市环境景观、建筑环境景观的设计尤为突出。本章为城市景观设计相关理论，分为三节进行阐述，分别是城市景观设计概述、城市景观设计要素、城市景观设计内容。

第一节　城市景观设计概述

一、城市景观的构成

人类创造了城市，在城市中进行着各种活动，包括社会生活和各种建设活动，因而有了城市景观。相比自然界的景观，人类文明中的景观指的是被人类影响或直接由人类创造的一切事物。而城市景观是人类文明的典型产物。城市的发展程度、城市的美化程度昭示着人类文明的程度。

城市景观是城市在生存并发展的过程中所产生的文化产物，随城市的发展而不断发生着变化和更新，可以说城市景观发展的变化过程就是城市发展变化的历史，因为城市本就是一种人文景观。除了城市在历史发展中长期沉淀下来的文化意义和景观特征，城市人文景观也表现在当代社会的时代发展特征上，不同城市的发展历史决定了不同城市在景观上的差异，这也是某一个城市单调朴实或是繁荣华丽的根本原因。一个城市的景观可以从侧面展现出城市本身的历史和现实，其中更有一些景观独具特殊的政治气息和文化色彩。

城市具备很强的开放性，是由大量的物质构成因素和很多子系统构建而成的复杂系统，承载着无数的人类活动。而城市景观和空间形态能将人们的主观意愿具体化，并时刻彰显着人类的智慧、情感、想象力和精神追求。从另一角度看，城市景观也可以被视作各种环境元素和人们对审美对象在形式信息方面的要求的和，其以客观的功能和外显形式供人们赋予所思所感，进而让人们的审美情趣得以愉悦地表现出来。

从城市发展的历史层面看，城市景观和城市的格局、古代城址，如宫殿、寺庙、园林、极少量的民居等少数建筑精华一样，都是城市在发展过程中沉淀下来的、富有内涵的城市要素。这些城市要素代表着城市在不同历史时期的特征面貌。从现代社会生活层面看，城市人文景观具备丰富的表现形式和表现形态，它们都属于广大群众，且在层次和华丽程度上不同的城市人文景观也反映了不同的社会集团和社会阶层的诸多文化和相关阶层利益，换句话说，城市景观能够反映出社会群体的文化、政治、经济和社会发展水平，也能具象化地表现出城市的生活。

城市景观形成于城市社会的发展，也能将城市社会品质所产生的影响彰显出来。就城市而言，无论在农业社会时期、集权制条件下，还是在市民社会的工业社会时期或者后工业社会时代，相应的城市景观都有很大的差别。一个国家的工业化进程可以提升城市的技术性和现代性，但也会导致城市景观和人的情感与本性方面发生分离，进而以"工业符号"和"财富符号"的标签存在，体量巨大的车间、仓库和高耸的摩天大楼都如此。在后工业化社会的城市里，文化景观既可以通过新材料、新技术等元素展示出科学技术的不断发展，又可以将更加自然、更加生态化的气息展现出来。

需要注意的是，城市景观不是胡乱堆砌而成的，它往往具备深层次的传承关系。当城市中的格局或建筑景观真正面世后，它就以城市景观重要组成部分的身份开始在选择形式、存在形式等方面对日后城市发展所形成的建筑景观产生影响，当然也会在某种程度上决定城市发展的方向、用地、路网结构等方面的规划，这种现象在具备悠久的历史、丰富的文化底蕴的城市中表现得更为突出，因为这类城市的景观除了具备特殊的制约性，也进一步提高了城市的深邃感，并让城市的文化更加富有底蕴。

城市景观在美感上的终极追求目标是总体布局美。对于城市来说，将构成景观的各种自然元素、各种人文元素科学有序地协调起来是非常有难度，又是非常有成就感的。首先，功能区划分要合理。无论是行政中心区、金融商贸区，还是文化娱乐区、居民生活区，都有自己的景观特点，都要重视环境规划艺术，都要服从城市总体风格。城市总体艺术布局所展示的城市面貌，能够彰显出人工环境和自然环境之间的有机结合，因为城市景观的布局不是如堆积木一样简单罗列，而是需要相关工作人员以某种倾向于美的规律为基础，根据艺术构图的技法和生活内容、时代内容的历史规律将诸多景观高度、有机地整合起来。

　　人文历史美也是城市景观美的重要组成部分。历史文化名城中的文物建筑乃至断柱残壁，都可以体现城市的历史积淀和丰厚内涵。如西安的古城墙（图1-1-1）、沧州铁狮子（图1-1-2）等，都是历史文化名城的标志，必须将其作为城市景观的重要构件，悉心爱护，让它与周围景观要素协调起来，构成城市自身特色。

图1-1-1　西安古城墙

图1-1-2　沧州铁狮子

站在城市发展的过程角度看，在城市中，无论是建筑形式、建筑景观还是人们的生活场景，新旧交替似乎是大势所趋，但城市景观却在不易被人察觉的时间里不断传承着，经过岁月的洗礼，这些传承下来的城市格局、遗址和少数保存下来的建筑的精华拥有极强的生命力，标志着所有市民的价值观和文化观，也是全体市民文化心理的具体表现，从侧面看，它们也属于全体市民共同拥有的文化宝藏。

城市景观属于城市中各个事物、各种实践和周围环境共同作用的演替成果。它既表现出城市空间中如地形、植物、建筑、构筑物、绿化、小品等多种物理实物的真实形态，又表现出市民的行为和心理所散发出来的精神的抽象内涵，可以让人们通过五官、肢体和情感意识来切身感知到。此外，城市景观和自然、社会文化等多种社会元素保持着十分紧密的联系，不同城市之间的景观不同，也代表着它们在自然、社会、文化等各种社会元素上也不同。换句话说，城市景观不仅仅由城市空间扩展和眺望而成，也不仅仅是建筑物与建筑环境的简单搭配，它在本质上是城市在发展过程中将各种城市元素与自然环境、人文环境进行联结，且时时刻刻影响着城市环境和人们的视野空间。在新旧演替的进程里，城市始终扮演载体角色，并通过具体景观和具体形象为广大市民提供生存环境，在精神层面始终感染着广大市民。

在中国，城市景观汇聚并协调文化驱动力和自然回归力，我国传统上习惯将与天文、宇宙奥秘或"风水""天地感应""阴阳调和"等文化赋于城市景观上，以求让城市景观和所谓的"宇宙"形成某种联系。另外，我国从古代开始就有人利用自身的知识、传统、技术来对城市进行修饰。例如，《清明上河图》描绘的城市街道就直观地反映出当时城市文化景观的真实面貌。

如图1-1-3所示，是南宋画师张择端所作《清明上河图》，在该画中作者运用细腻的手法将北宋汴梁（今河南开封市）承平时期城市街道的繁华生动地展现出来。在这幅画里，以各个阶层的人物活动为核心，城市社会动态和人民生活状况也惟妙惟肖，并且还包括士、农、商、医、卜、僧、道、青吏、妇女、儿童等人物形象和驴、马、牛、骆驼等动物形象，除此之外，还画有赶集、买卖、闲逛、饮酒、聚谈、推舟、拉车、乘轿、骑马等具体的历史情节；大街小巷的酒店、茶馆、点心铺等店面琳琅满目，这也从侧面反映出当时社会的繁荣。除此之外，我们还可以发现来往的船只以及河港池沼、官府宅邸和密集的茅棚村舍。无论是对人物的描写还是对景物的描写，画家的功力堪称精妙绝伦，这样丰富的古代城市景观描绘十分少见。

图1-1-3　清明上河图（局部）

在这幅画里，我们可以发现，为将京城内外的盛况和周边的自然环境展现出来，作者采用了全景式的绘画方式，即使画中的内容和历史文献所载有些许不符，但该画的价值并不在于此，而是在于画作的内容展现出城市从封闭演变为开放的景象，并将唐宋时期中国的城市社会制度的变更展现了出来，从侧面看，这幅画的内容更加贴合当时社会的城市景观面容。

受各种已知和未知的因素影响，城市景观始终都处于演变和形成往复循环的过程中，发现并钻研这些因素对于城市景观的发展预测是十分有利的。其中，人类活动的因素对城市景观的改变发挥着不可忽视的作用，也可以说人类活动决定了城市景观的发展历程，因为人类活动直接关系着城市景观的格局演变。

城市景观构成因素包括自然因素、人工因素、社会因素三类。城市景观设计由人们从主观意愿出发将有形的物质因素组织起来、无形因素协调起来进而创造所得，构成因素本身具备多样性，城市环境景观也就具备同样的特性。

（一）自然因素

城市所处的自然环境和自然景观对于创造城市景观来说十分重要，在进行城市景观设计时，要充分掌握各种因素的特性和审美价值，并将其通过景观设计充分展现出来。地形、水体、植物及气候等自然因素都对城市景观的构成产生不同程度的影响。

自然景观从起点上决定了城市景观的演变，这是因为无论哪一个城市都是以自然环境为基础发展的，且在发展过程中一直受自然环境的影响；所有的城市也都是在土地上建立起来，如平川、丘陵、山峰、谷地等自然地形既展现了城市的地表特征，也为城市提供了丰富多样的自然景观。在设计城市景观时，一定要考虑这个因素，并通过合理的方法使自然地形的风采和魅力发挥出来。

山地之所以能引起人们的强烈关注，是因为它具备很高的视觉价值和审美价值，试想以延绵起伏的山峦作为城市的背景图，可以提高城市的空间层次、丰富城市的审美情趣，也可以被当作城市的代表符号，指引人们行走的方向。例如，桂林街道的对景山峰，包括独秀峰、伏波山、盈彩山，这些山姿态清秀、轮廓精巧、风格柔和、神韵高雅，这无疑让其所在的城市景观更加的迷人、更加多彩。

城市中的水体包括自然水体和人工水体，无论江河湖海还是水池喷泉，都具备很强的自然气息，而由水产生的光线、影子、声音、颜色都是构建城市景观的自然素材。就城市景观而言，通过水面创造的景观在美感上要强过以土地、草地为基础的景观，水本身具备的高可塑性赋予了它作为景观的生动性和神秘性。同样是水景，有的辽阔蜿蜒，有的宁静安详，有的则是热闹非凡。

作为构成城市景观特征的关键因素，自然水体具备气势宏伟、景观广阔的特点。水体岸线在城市所有景观场所中最具魅力，可供人们尽情欣赏水景，同时它也属于城市景观中最强烈、最富表现力的景观，变化和对比是其较为明显的特色，也大幅度增加了城市空间的开放范围。水体是联接城市空间的媒介，其本身的柔与流动性和城市建筑物的坚韧、稳固形成了强烈反差，这让城市景观更为生动、更具动态美感。如无锡古运河沿岸，以运河为主体，分段打造，营造出了独特的运河景观。

植物景观在功能上主要体现于空间和时间上。植物本身占据一定的空间体积，拥有三维属性，在围合、划分空间和提高景观层次上都有特定的作用，不同种类的植物和城市中其他景观元素之间通过虚实、大小、质感等方面的对比，可以很大程度地提升城市景观的空间效果和空间美感。植物需要特定的环境和气候得以生长，不同地理位置的环境能够孕育不同种类的植物，如北京的白皮松、重庆的黄葛树、福州的小叶榕等，不同地域的优势植物可以在适应当地自然环境的基础上强化城市景观的视觉效果。植物本身具备生命，在不同季节能显现出不同的形态、色彩、尺度，而植物的茎的生长变化也能反映出时间的推移，尤其是历经风雨、成形时间长的古树，一方面能以苍劲古拙的生态美丰富审美情趣，另一方面也承载着城市和人们对历史的记忆和感叹。

除了上述的自然因素，许多如阳光、云、风等不稳定的自然因素在设计城市景观方面同样不容忽视，这些自然因素对于城市景观来说也很重要，即使它们或多或少地让人捉摸不透，不像有形的自然因素那样可以进行精心组织，但它们的影响力却是很明显的。科学合理地利用这种自然因素可以让城市景观变得更加丰富、更加生动，更具多变性。

（二）人工因素

人工因素是指人们以主观意愿出发，通过加工、建造的方式构建城市景观，其主要分为建筑物、构筑物和其他人工环境因素，最明显的特征是出自人类之手，能够彰显创造者的理念。

作为城市最基础的构成因素，建筑物具备活跃、富有时间变化等特征。伴随时代的发展，建筑物在功能上变得更加复杂多样，建筑材料和工程也得到了突破性的发展，人们的审美水平也随之不断地更新。所以，建造技术、使用功能、审美要求等方面的不同，进一步促进了建筑的不断发展，并时刻见证着人类社会的前进。

城市环境具备高密度、多因素的特征，且时刻处于不断积累、不断改变的状态，无论建立什么样的新建筑，都会牵涉到其与已有景观之间存在的关系，且新建筑的出现会在原有环境景观存在的基础上，进一步改变和丰富城市整体环境。所以，在规划建筑设计时要考虑城市环境的多功能特征，更要注意不同建筑之间的联结和关系，保证不同建筑以互相对话的要素身份构建整体的城市景观。构筑物指的是包括桥梁、电视塔、水塔及其他一些环境设施在内的所有工程结构物的统称，它常常表现为特有的形态和特殊的个性，对于城市景观来说十分重要。建筑与景观之间有着深刻而紧密地联系，设计城市景观需要结合景观与建筑，使之产生互相配合的联系。对于城市景观的规划来说，重视建筑环境和功能要求至关重要，要力求建筑形式和景观艺术之间构建相辅相成的良性关系。换句话说，景观让建筑更加精彩，建筑也让景观更具美感，二者之间互相融合，各有千秋。

（三）社会因素

社会因素时刻在无形地影响着城市景观的形态结构，主要表现为两点：一是人们根据日常生活中的所思所感直接影响城市景观的生成和演化，城市环境也因此不断向城市生活靠近；二是法律、经济、技术等因素间接地影响城市景观的生成与演化，城市环境也因此越来越符合社会的实际需求。

城市生活涉及每个城市居民，城市居民既是城市环境的规划者、建设者，又是使用者和评判者，其影响面极广，"公众参与"的决策与管理方法表明要动员一切社会积极因素，参与城市的建设与发展。

人们仅凭借简单设计、简单研究是无法构建城市景观形态的，因为它受社会、文化、经济、技术发展等多方面的影响，是按照人们的主观想法通过某些规律并用特定的材料来综合组成的。

结合上述内容，我们可以发现城市景观的构成因素有自然因素、人工因素和社会因素，并且社会因素产生的影响最为深远，其他两个因素属于构成城市景观的物理因素。也就是说，某城市内的自然特征和历史文化遗产主要用于创造城市景观的特色，而人工因素本身具备创新性，可以决定城市景观的时代特征。可以将城市视作一种具备形态的物质环境，因为任何物质都有具体的形态和特征，而城市景观设计需要将其构成因素的优势和特色尽可能地展现出来，这样才能让城市景观展现出更加和谐、更加独特的整体面貌。

因为城市景观具备十分明显的地点性，决定了它讲究感应环境，与一般的艺术创作十分不同。景观以场所为建立基础，以有意味的形式介入并形成新场所为具体方法。所以，可以将景观实践理解为景观与环境互动进而进行一定的创作。对城市来讲，不存在类似于普通艺术品那样的最终成果，不存在"终极景观"。

在城市中，人们可以寻得各种场所、空间设施、资源、信息传载、物资流通等物质条件，方便自己提升生活水平。此外，城市时刻推动着包括周边地区在内的改善进程，并以其所拥有的全部文化、社会和经济背景为基础使人们的生活更加多样化、发展更加多元化。由此可知，对于社会机体的正常运作，发展城市、完善城市所占据的位置极其重要，保证城市景观建设与人类在生活和工作上的需要、时代进步的需要相契合，可以让现代生活更具时代精神。

二、城市景观的特征

（一）城市景观的层次性

（1）环境、生态和资源层面，主要指的是通过调查、分析、评估、规划和保护等方式研究包括土地利用、地形、水体、动植物、气候、光照在内的人文与自然资源，也就是研究基础地区景观。

（2）人类行为和与之相关的文化历史与艺术层面，指的是景观环境中的历史文化、风情、风俗习惯等和人们的精神生活紧密相关的潜在因素，这些潜在因素影响着一个地区、城市、街道的风貌，也影响着人们的精神文明，这属于人文景观。

（3）景观感受层面，指的是人们对所有自然和人工形体设计的视觉感受，属于狭义景观。

以上三个层面，都以追求艺术和应用为目标，它们都属于城市景观研究的方向。

（二）城市景观的复杂性

随着时代的不断发展，城市景观的含义也在不断更新、不断完善。起初，城市景观仅用于描述建筑物之间的关系；后来，城市景观又用于描述不同城市元素之间的关系以及这些城市元素所产生的视觉效果。这两种理解都基于传统建筑学。从心理学角度看，城市景观包含人的客观体验，其被视为"是被感知到的视觉形态物以及相互之间的关系"。然而，以上这些观念都没有将城市景观的实质突显出来。城市环境里多种多样的事物和事件，使得城市景观更加趋向于构成复杂、内涵容量大、界域连续、空间流动、随时间多变等外在表现。由此可知，城市景观具备较强的多变性特征。

通过研究城市的复杂特点，人们逐渐加深了对城市景观的认识。城市景观由人与社会环境产生互动而形成，具备明显的地理性和地方性，不同地形、不同气候是各个城市的景观特色来源；此外，城市景观与人们的社会活动息息相关，能够在一定程度上展现城市内风俗习惯和人们的价值取向、心理面貌，同时也是社会各个层面的文化的综合体现。城市学家拉普普特曾说："城市景观是一种社会文化现象，是长期选择优化的结果，而文化、风气、世界观、民族性等观念形态共同构成了城市景观的'社会文化构件'。"由此看来，城市景观是具备社会文化性的。在城市的发展过程中，各个时期的历史事件和当权者的决策、不同阶层的需要和认同等因素都在不同程度上影响了城市景观的形成，并且这种颇具历史性意味的"影响"仍在继续，只要时代不停下前进的脚步，城市景观也就不会停止发展、改变。

（三）城市景观的历史性

客观来说，城市景观的历史是人类文明历史、城市历史、城市规划历史的另一种体现。城市景观这个概念从人类第一次产生文明、第一次构建聚居点时就已经悄然出现了，在漫长的历史进程中，它始终伴随人类左右，承载着人类文明的发展。从这个角度看，城市景观的发展也映射着城市本身的发展，当然也涉及人类自身社会生活的发展。

从侧面看，城市景观属于一种特殊的历史现象，因为任何社会都具备独有的文化，并在时间的推移下不断完善、不断丰富。根据事物发展的规律，在城市发展的整体历程里，延续性、变革性在强弱方面总是在不同阶段交替出现，并往复循环。

城市景观体系在发展过程中时而稳定、时而起伏，且没有固定规律。稳定时期，城市景观趋于文化模式；起伏时期，城市景观趋于文化变迁。模式与变迁的互相作用决定了不同时期城市的建筑风格和景观风格。城市规模越大，其景观从分期角度看就越复杂，因为大城市更有可能拥有更多的历史建筑遗存和各种文化时期的人物。除此之外，城市景观的时间结构越复杂，城市景观的多样性就越强。城市本身也越容易孕育出可以推动文化景观发展的建筑物，进而直接影响城市周边地区。

对于城市景观的共生体来说，景观所处时代不同，其发挥的作用也就不同，景观所处时期越久远，其对人们的日常生活产生影响的机会就越小，其在满足人们对于历史好奇的需求和研究历史的需求方面就越重要，它的历史价值和保护价值也就越发珍贵。而距离人们生活更近的是当代城市景观，当代城市景观服务于当代人，可以满足人们"自我实现"、追求价值、追求成就的心理需求，同时它也是人们与所处社会生活互相认同的具象见证。

世界范围内的任何一座城市，每一次的规划设计都是对其城市景观的再次塑造，因为关于城市的每一次更新、每一次改造、每一次重新设计，都可以理解为提炼城市的精华、美化城市的面貌，是对城市景观的重新整理，对重现城市风采、继承并发扬城市优秀传统、推动城市经济发展等方面都是十分重要的。

（四）城市景观的地域性

不同的地域，有不同的城市景观分布及其组合。城市的结构布局受自然地理条件、城市发展性质、城市社会文化背景等方面的约束，不同城市在发展历史、社会背景上的不同决定了其城市景观的表现和内涵的不同。所以说，不同城市无论在城市结构布局还是在街道的设置、居民区的规划等方面，都是各具特性的。

每个地区都具备特殊的文化风俗等地方特性，不同地区的人们在习俗上的不同，代表着其所在地区的社会文化传统不同，深入研究这些社会文化传统有助于更加深入地认识公众的实际需求，这个道理同样适用于城市景观设计。世界上不同地区的人们在生活上的差异很大，这也决定了不同地区拥有各自独特的文化，而不同地区的文化也影响着当地的建筑文化和"场所精神"。如我国广西壮族自治区百色市有"句町古国"之称，拥有句町铜鼓这一地域文化图腾，城市景观中常将其作为设计符号（图1-1-4）。

图 1-1-4　句町铜鼓

作为一种空间环境，"场所"具备一定的文化内涵和区域特性，而"场所精神"指的就是场所的特征和具体意义。中国传统建筑包含很多以"墙"包围的集中空间，院墙、宫墙、城墙甚至长城都属于墙，如院落这种用墙围起以供居住的场所更是被当作生存的基础设施。环境条件、风俗习惯的不同，造就了人们不同的生活方式，进而影响了各个地区的文化传统。不同庭院因其与所身处其中的人产生联系，具备某种"特性"，为人们产生的观感也就不同。场所可以吸收很多内容，让人们可以以之为载体空间进行各种活动。需要注意的是，场所可以被赋予特殊用法，但其结构并不是一成不变的，其特定的"场所精神"让它在特定时期为群体提供某种方向感和认同感。

城市景观具备明显的地域性和时代性，不同时代的城市景观都具有相应的特色，此外历史遗存的建筑作为景观和现代建筑景观互相融合，让城市景观在地域角度、空间角度以及时间纵深上都呈现出镶嵌分布的视觉效果。

城市景观与城市社会、经济、文化、历史等因素的发展紧密联系在一起，如古代建筑、文化遗址、古代城市景观以及民族民俗景观等，从景观类别角度看，它属于人文景观。作为历史发展的产物，人文景观具备较强的历史性、人文性、民族性、地域性和实用性，能够展现一个城市的特质，是一个地区的标志，它也可以将城市社会、文化生活等方面反映出来。此外，人文景观是由人经过漫长的历史和不断的思考所创造出的艺术产物。

三、城市景观的功能

城市景观不仅包括视觉、游览、旅游等方面的功能，也包括美学、休闲游览、旅游经济等功能，这些都可以将城市景观直接凸显出来；城市景观的隐藏功能、其余广泛的功能可以推动全体市民进一步提高心理素质和文化素养。如今的城市，人们虽然可以对当下及以后的生活方式、社会群体价值观的表现形式、城市建设的发展模式按照个人意愿加以选择，但是却无法决定过去，无法改变城市的模式，无法改变骨子里的文化心理和人文特点。

在人们的生活环境里，景观可谓随处可见，这些景观的空间形态、空间特征、空间功能等元素随着人们生活的发展和信息技术的更新而不断变化。当今社会，科技在时刻更新着，人们观念的变革，交流的广泛，信息的迅速发展，人们要求的多样化，景观在功能和形式上呈现不断消亡和产生、更新与变异、主流与支流的交替变化中。但无论景观发展成什么样子，构成景观的基础要素是比较稳定的。景观环境只有拥有一定的功能和目的性，才可以发挥出相应的作用、产生一定的价值。

通常来讲，景观的功能分为使用功能、精神功能、美化功能三种：

1. 使用功能

以城市中心区景观为例，其使用功能指的是景观从自身出发为人们提供便利。这种功能游离于环境设施之外，能够被人们感知到，所以它是景观的首要功能。

作为城市的核心地带，城市中心区也集中着城市的文化中心、娱乐中心、商业中心、公共活动中心、服务中心等人文设施，也集中着大容量的建筑、频繁的交通、密集的信息、高密度的人流以及其他类物质，在功能上是比较复杂而浓缩的。

2. 精神功能

在研究城市中心区景观的使用功能时，我们不得不涉及视觉上和情感上的、自然与人文的、静态与动态的、有主题与无主题的精神功能。

人能够以环境为桥梁来强化自身的行为。环境可以激励人们调动内驱力，激发人的创造潜能，帮助人做出积极向上的动作行为，也可以让人变得更加自信、更能发挥自身价值，从而更为社会所承认；环境还可以启发人们，让人们以改善环境为手段来进一步强化人们对于城市景观设计的参与感，并帮助人们控制情绪，让人们拥有积极向上的心态。如南京大屠杀纪念馆前广场，大尺度的雕塑景观与周边的建筑和街道形成鲜明对比，震撼人心，将参观者瞬间带入一种特定的情绪中。

作为景观设计师，有责任和义务通过景观的设计，让人们能够更加深入地从中获得美的享受，提升景观效应的精神功能的发挥程度。景观效应指的是以人为主的审美主体和以环境为主的审美客体之间产生的相互感应、转化的关系。效应发挥的震撼力的大小主要由人对环境的作用和环境对人的作用所决定。

3. 美化功能

这个功能对于景观设计来说举足轻重。从审美角度看，环境和人之间产生的感应关系和转换关系，能够以意境表达的方式为人们带来美的享受，人们可以将思想情感和诉求赋予交融的情景中并加以抒发。不仅景观的整体布局可以彰显景观的美化功能，构成景观审美价值的诸多细节也可以做到这一点。例如，不同季节的植物所表现出的线条、颜色、身影都不同，这与景观本身的机械、刚直、挺拔形成鲜明对比，给人以丰富的、多变的审美感受。当今世界，自然资源正在不断减少，生态环境也愈发恶劣，在这种背景下，植物和自然生命对于人们的审美而言就越来越重要。所以，景观设计中自然因素和人工因素之间的比例是否合理从某种程度上可以显现出景观设计是否成功，其中的比例既指视野中的绿色占有率，也指在人们于景观中做出活动时，人们视野范围内人工景观和自然景观交替出现的频率。由此可知，景观绿化既要和各种建筑物科学合理地结合，又要适当扩大绿地、林带等景观地域，可以把人工和自然相结合的景观地带当成缓冲区，让二者更加协调，并进一步提高整体景观的艺术程度。

研究城市景观，可以等同于研究城市视觉环境、城市社会价值观念、城市历史文化、当下城市社会生活场景、城市外在的物质环境、城市内在精神等几个方面的内容，且城市景观的历时性和异质性分析是上述研究中最为基本的、新的内容。分析城市景观的历时性，可以让城市景观发展变化的基本脉络变得更加清晰；分析城市景观的异质性，可以帮助人们更加容易地掌握主流文化景观与异质文化景观在不同时期的多角度的耦合程度。从城市景观的多重功能、多重价值、多重尺度的交织与嵌套、关联与耦合的角度出发，对城市景观的构成、层次、传承、更新等内容加以探讨，可以进一步促进城市景观理论框架和方法论的形成与运用。

四、城市景观设计原则

城市拥有持续发展的特征。现实情况里，一直存在着困扰城市景观设计的问题：怎样让城市发展和自然生态环境之间达成双赢关系，怎样达到已有城市和所处环境之间的协调程度，也就是怎样把城市所具有的独特自然景观因素和城市所具有的高历史文化价值的人文景观合理地融入城市景观结构中。

城市景观是城市物质环境的具体视觉表现，能够让人们以其为媒介对城市环境产生直观印象。仅拥有一两个让人满意、聚焦人们注意力的城市景点的城市在某种程度上算不上合格。城市需要以城市景观的价值、知名度、公共性水平为衡量标准，通过合理的手段来规划不同等级、不同层次且互相关联的城市景观和空间形态，进而构建更为丰富多彩的城市景观体系。

一个城市所具备的个性和特色，其景观仅仅通过一些"标志性建筑物"或"个人的聪明才智"是无法创造出来的，城市的个性和特色主要源于其本身的地理环境和历史、人文景观、生活方式等方面的具体演变，其本身是十分自然的。想要促进城市景观体系的建设，就要对有价值的景观资源仔细研究，并合理地构建城市景观结构体系。

研究城市景观体系要求以视觉分析为基础对城市空间的结构关系加以理解，因为城市景观体系是城市环境的视觉形态，能够将城市的演变、城市内部人们的生活以及城市日常生活的密切程度具象表现出来；城市景观组织必须以最佳展示为目标，力求人们在参与与之相关的活动时发自内心地获得愉悦体验，使得人们的行为和城市空间环境之间产生心与物互相感应的关系。

（一）多样化统一

多样化统一的原则指的是城市景观的组织要和城市活动的多样性相契合，并始终确保城市景观结构体系的完整。城市中的所有要素、所有空间环境都与其他方面的要素有或多或少的联系，人类活动的连续性决定了城市包含诸多子系统单元，具备很强的整体性，而城市景观体系要与城市的整体性统一，即达成多样化统一。在这个原则里，"多样化"是说城市的子系统在功能、空间环境的个性和特征上都不尽相同；"统一"是说各个城市景观要统一成一个整体，在这个整体中各个单元建立有序、互相协调，而这个整体可以将城市系统的组织结构完整地呈现在人们眼前，并彰显出城市生活的多元化。

城市时刻处于不断发展的状态中，而作为城市的视觉形态，城市景观也遵循这一规律，这就导致一个无法避免的问题：局部利益和城市总体利益偶有冲突。如果将城市视作一个整体、一个系统，那么城市景观就需要保持特定的一致性，因为没有局部更新和小范围的开发，城市整体景观体系就会止步不前，甚至丧失整体性和协调性。所以，必须从全局的角度出发来把控和引导城市的更新和发展，并维持城市视觉形象的连续性和合理性，从而让城市景观发挥应有的价值。

（二）结构最优

结构最优原则要求城市景观的基本单元要趋于完善，通过合理的组织方式让城市景观体系的内在结构始终处于稳定、明确的状态中。

设计城市景观体系要参考景观单元的价值，并以分层次、分级别的方式对其加以组织，使其整体结构更加清晰、更加有序，且要保证城市景观单元时刻位于整个体系的中心，以便为整个体系提供明确的方位感和定位标志。

城市景观体系所具有的空间序列与单体建筑、建筑群体的空间序列没有相同之处，作为一种网络系统，它具备多向展开的特性，也就是说，人们可以通过城市中的任何一个元素来认识城市景观的整体过程，或者从某一节点出发向多个方向扩散，并构成多样的城市景观序列。这就要求城市景观体系的开放性必须足够强，必须具备形成多方向序列组合的能力，且要具备可逆性，使得所构建的城市景观序列更加贴合人们所想。

城市景观结构最优的原则要求城市景观体系作为一种开放性网络，要具备多方向开展、可逆转的功能，且该开放性网络要具备确切地定位标识和方位感，并契合不同运动速度和多维度活动的实际需求，在结构上简明扼要，以便人们通过最少的视觉信息掌握城市的整体表象。

（三）有机生长

有机生长的原则源自城市动态发展，是一种针对景观体系建设提出的原则。城市景观体系要从城市结构的扩展角度出发，紧跟城市的发展步伐，有章法地进步。有机生长的原则要求城市要以把控城市景观体系、重要标志物为基础慎重地进行自我更新，并尊重城市发展的连续性，通过保留各个发展时期具有价值的景观来记录城市的发展进程，城市在更新时尤其要尊重具有人文价值的景观，并秉持以人文景观为主以及与之相适应的原则进行尺度、体量、色彩、材料等项目上的更新，保证城市景观的有机生长。此外，有机生长的原则强调城市景观体系是一个整体，是城市物质环境的视觉形态，在城市的发展过程中，一定要真实地记载每一阶段并结合城市的发展而更新自身。城市景观是城市的一个子系统，城市景观体系的发展要向城市看齐，无论在总体规划上还是单项规划上，城市景观体系都要保证与城市之间构建齐头并进的关系。

（四）突出特色，强调立意

人们以自然景观为基础，以艺术加工、工程实施等方式，通过创造和改造的方法塑造城市的景观，每一处景观都见证着自然和文化的发展历程，并拥有特定的含义和特色。在景观设计中，对地方精神的表达绝不仅仅是一种形式，而是一种身心的体验，一种历史的必然。

景观是科学技术和艺术创作的综合性工程，高品质、拥有个性的景观环境来源于独特的创意和新颖的手法。新颖独特的构想、独具个性的文化内涵、天马行空的创意，都可以促进景观的创造，并赋于开发出来的景观当中，从而影响景观的内容本质。将景区开发的主旨思想体现出来，能够提升景观的吸引力，进一步改善人们的审美感受，让人们陶冶情操。此外，设计师的创作理念和创作情感汇聚成景观创意，进一步提高了景观的艺术水平和审美价值。

景观实际的立意，涉及到新观念、新思维、新视角、新审美追求，能够彰显紧跟时代步伐甚至超越时代需求的创造性想法。此外，立意与景观作品的内容和形式、景观设计的艺术构思和整体布局、景观创作的手法和形式美的原则等方面都是互相统一的。

五、城市景观设计特点

景观设计的特点包括综合性、区域性、动态性、方法的多样性以及注重人文关怀。

（一）景观设计的综合性

城市是一个复杂的系统，城市景观元素之间彼此不是孤立的。在城市的一定空间内，应该在一个主题下把它们有机地组织起来。景观是一个包含自然景观系统和人文景观系统的、多要素互相作用的综合系统，形成环境景观的整体，包括视觉形象要素如建筑、绿体、水体、街道、雕塑、小品和广场等，这在某种程度上反映了环境景观设计研究的综合性。景观设计既要研究各个要素，又要尊重景观的整体性，并以此为基础同时研究其组成要素以及要素之间的关系。环境景观本身很复杂，在研究其中一种要素时要针对不同对象多角度地进行研究。

（二）景观设计的区域性

不同城市的自然地理环境不同，其历史文化背景也就不同，进而就拥有不同风格、不同形式的建筑，各个城市居民的风俗习惯和所从事的活动进一步强化了这些不同。每个城市里，自然景观和人文景观的空间分布都各有差异，这也导致了不同城市的景观设计研究具备很强的地域特点。其中，地域特点指的是不同环境中的地域变化规律。同一种要素，在不同地区、不同自然景观和不同人物景观里，很可能表现出不同的变化规律。景观的地域性特点研究是获得自然景观和人文景观特色形成的重要手段和方法。地域性包括民族性，是城市景观设计中应注重的一个主要方面。我国历史悠久、民族众多，不同时期、不同地域的景观都反映着当地的文化传统和民族特色，这些文化传统和特色共同造就了景观设计的差异。

（三）景观设计的动态性

城市是以时代需求为基础而发展的，在一代又一代人的建设和创造下，城市的面貌也在不停地更新着。城市景观及其设计应具有鲜明的时代性。现代科学越发展，越应珍惜历史文化的遗存。从某种程度看，各个城市景观要素的交织和并演就是时空艺术，观察者所处的空间位置不同，城市景观所展现出来的画面也就不同。对于城市景观而言，自然景观和人文景观都是时刻变化的，这就需要我们在对其进行研究时要采用动态性手法。动态性手法要求以当下环境景观的状态为历史发展的产物和未来发展的开始，以此为基础对不同时期景观的发生、发展、演变规律进行相应研究。设计城市景观，一方面需要重视文化的继承和文脉的传承；另一方面要契合时代进步的速度和人们在生活方式、审美情趣上的需求变化，既有时代的精神又有历史的风韵。

（四）景观设计方法的多样性

城市景观设计，要合乎人们的审美情趣和形式美的规律，城市景观艺术具备自然美、社会美和艺术美等美学特点，其感染力强于常见的艺术品。城市景观本身很复杂，其设计方法也多种多样。景观设计研究以实测、摄影、绘画等实地考察的方法为主要研究手法。景观设计特点应体现为"顺应自然、尊重历史、发展特色、整体设计、长期完善"，其多样性包括景观本身的复杂变化，以及相似景观的宽阔区域和较短距离内的复杂变化。根据人类活动的轨迹来看，人类定居时间长的景观往往具备更强的多样性，如果某一区域出现过混合文化，其多样性也同样比较强。能够长期吸引人们注意的景色必然具备极高的多样性，而具备多样性的景观能够提高人们的生活质量，满足人们的审美意愿。

景观设计方法的多样性还表现为设计手法和设计风格的多样性，对同一设计对象，由于设计者的理念、视角、表现手法等不同，其设计结果也是各不相同的。

（五）注重人文关怀

人是城市的灵魂。城市景观设计的目的是让人生活得更美好。当今社会，人们的教育水平、文化水平、科技水平等诸多方面都有显著提高，这为城市景观和景观设计的文化内涵和审美品位提出了要求。现代人本身具备多层次性，所要求的环境自然是雅俗共赏、古今兼备的，既要高雅不俗，又要理性浪漫，还要从时尚角度满足人们的审美需求。中国人追求人与自然的融合，师法自然，以达到"天人合一"的境界，这些都是景观设计中应注重的，要结合自然环境和人工环境，将城市的地形、地貌、水体、绿地等各种自然因素的优势充分发挥出来，进而创造出满足人们回归自然、渴求自然需求的城市空间。

设计城市景观时，不管是建造区域景观、改造广场还是建设园林，都要以城市整体环境架构为首要考量内容，研究他们的现在与过去、当今与未来、地方与比邻的差异与不同、变化和衔接；要从科学角度出发，发挥土地、人文资源和自然资源的潜能，并以自然、生态、文化、历史等科学的原则为基本原则，在人和环境之间构建和谐共处、均衡发展的联系。

第二节 城市景观设计要素

一、城市景观设计的自然要素

城市景观发展到今天，远远超出了古典园林的范畴，在城市中的景观设计要素，也从建筑、植物、山石、水体四大要素，发展到精神、人文、心理等综合要素。

在进行城市景观设计时，设计师的灵感源于自然界，源于对场地自然特征的深刻理解。设计师要充分利用自然乡土的元素资源，如自然的地形、树木、山石、水等，使它们在设计中重新焕发生机和活力，这样的作品也会给人一种特别亲切、朴实的感觉。水体与地形的组合构成风景的骨架，植物往往起烘托和造景的作用。

（一）地形元素

地形是地表的外观形态。就风景区范围而言，地形包括山谷、高山、丘陵、草原以及平地等复杂多样的类型。从城市绿地范围来讲，地形包括土丘、台地、斜坡、平地或因台阶和坡道所引起水平面变化的地形。地形是景观设计各个要素的载体，为水体、植物、构筑物等要素的存在提供一个依附的平台。景观中的地形设计直接联系着众多的环境因素，既影响空间构成和空间感受，也影响景观、排水、小气候等。

英国著名建筑师戈登卡伦（Gordon Gullen）在《城镇景观》中说："地面高差的处理手法是城镇景观艺术的一个重要部分。"计成在《园冶》中提出："高方欲就亭台，低凹可开池沼。"前者常称为大地形，后者则称为微地形，在景观中的地形常为后者。

设计地形时，要先研究如何利用原地形，并根据基地调查和分析的结果，合理规划各种坡度的具体内容，从而保证其契合基地地形。此外，要合理改造地形，根据造景的实际需求构建良好的地表自然排除体系，避免过大的地表径流。地形改造与园林总体布局要同时进行。

1. 地形的作用

（1）分隔空间

对原基础平面进行挖方使其下沉，形成凹地形。这类地形具有内向性和不受外界干扰的空间，视线较封闭，容易形成向心的视觉聚集视线，在构图中心精心布置景物，形成视觉交点。由于周边地势较高，应注意排水的处理，以免雨天成为积水的水洼和水塘。

在原基础平面上添加泥土使其上升，形成凸地形。这类地形可给人一览众山小的感觉，具有代表权力和控制视线的特征。设计时应注意土壤安息角、滑坡的问题。

（2）控制视线

具体包括以下几方面内容：

第一，引导视线。人们更习惯将视线聚焦到阻碍最小的方向，并沿此方向看向更加开阔的地方。因此，可以通过增高视线一侧或两侧地形的方法来让人们的视线聚焦于一处。封锁分散的视线，同时在视线的端点设置景物，使视线停留在焦点上。第二，建立空间序列。地形能够以交替的方式展现景物或者遮挡景物，此方法名为"断续观察"或"渐次显示"。人们在看到景物的一部分时，往往想通过视线挖掘隐藏部分，从而满足内心的好奇和期待。设计师利用这种手法，去创造一个连续变化的景观，引导人们前进。第三，屏蔽作用。将地形改造成土堆的形状，以遮挡不悦物体或景观，如公园中通过地形堆砌遮蔽周围的一些建筑等。第四，制高点。地形的制高点能提供广阔的视野，起到俯视的作用；设置建筑或标志物，则可起到控制全园的作用。

（3）影响游览路线和速度

人们习惯在平坦的地面行走，地面有台阶或坡时则会影响行走的方向、速度和节奏，在地形复杂的山野林间行走速度较慢，在地形平坦宽阔的广场、草地可奔跑跳跃。

（4）改善小气候

使用朝南坡向，能够受到冬季阳光的直接照射，并使温度升高；凸面地形、瘠地或土丘等可用来阻挡冬季寒风。

（5）美学功能

优美的山峦、险峻的山峰都是人们喜爱欣赏的美景。景观设计是模仿自然而高于自然，地形的处理如同山峦一样，跌宕起伏。地形与植物、水体一样属于自然要素，可以软化硬质的构筑物，形成优美的"大地景观"作为植物景观的依托，地形的起伏产生了丰富的林冠线的变化。

2.景观中常用地形

（1）平地

平地是景观中最常用的地形。平地的坡度在 1%～7% 这个范围之内，在上面活动没有倾斜感，给人一种安全稳定的感觉，也是大部分人习惯行走和游玩的场所。平坦的地形，也要有大于 5% 的排水坡度，以免雨后积水，尽量利用道路边沟排除地面水。

平地便于文体活动、人流集散，造成开朗景观。在现代城市公园中常设有一定比例的平地，地面铺装有沙石、草坪等。

（2）坡地

坡地的坡度在 8%～12%，一般当作活动场地，供游戏玩耍等，但运动等则不适宜，给人一种不稳定的感觉。坡度在 12% 以上，活动较困难，可作为植物种植用地，丰富天际线。变化的地形从缓坡逐渐过渡到陡坡与山体连接，在临水的一面以缓坡逐渐伸入水中。草坡的坡度最好不要超过 25%，土坡的坡度不要超过 20%。

（3）山地

景观中山地往往利用原有地形，适当改造而成。山地常能构成风景、组织空间、丰富景观，大型公园多运用。土山坡度要在土壤的安息角内，一般由平缓的坡度逐渐变陡，故山体较高时则占地面积较大。

3.地形设计的要求

（1）功能优先，造景并重

地形改造与景观总体布局同时进行，改造后的地形条件能满足造景及各种活动使用的需要；考虑景观用地的城市周边有无山体，地形的起伏可以看成山脉的延续。

（2）利用为主，改造为辅

利用原有地形，高方欲就亭台，低凹可开池沼，达到浑然天成的意境：在创造一定起伏的地形时，要合理安排分水和汇水线，保证地形具有较好的自然排水条件。园林中每块绿地应有一定的排水方向，可直接流入水体或是由铺装路面排入水体，排水坡度允许有起伏，但总的排水方向应该明确。

（3）景观用地中的功能活动要求

游人集中的地方和体育活动场所，要求地形平坦；划船游泳，需要有河流湖泊；登高眺望，需要有高地山冈；文娱活动需要许多室内外活动场地；安静休息和游览赏景则要求有山林溪流等。不同功能分区有不同地形要求，而地形变化本身也能形成灵活多变的景观空间，创造景区的园中园，使得空间具有生气和自然野趣。

（4）因地制宜，顺应自然

不同植物对地形地势的要求不同，有的植物喜湿润土壤，有的则喜干燥、阳光充足的土壤。在景观设计时，要通过利用和改造地形，为植物的生长发育创造良好的环境条件。城市中较低的地形，可挖土堆山，抬高地面，以适应多数乔灌木的生长。利用地形坡面，创造一个相对温暖的小气候条件，满足喜温植物的生长等。

（5）就地取材，就地施工：填挖结合，土方平衡。

（二）植物元素

1.植物元素在城市发展中的作用

森林、海洋、湿地并称为三大生态系统，而占据首位的森林构成是植物，植物通过光合作用、过滤作用、吸附作用等为人类提供生存必需的环境。

（1）净化空气

植物通过光合作用，吸收二氧化碳并释放氧气。植物的枝干和叶子可以有效阻挡、吸附、过滤空气中的烟尘和粉尘。根据相关研究，公园里的植物能够将大气中的八成污染物全部过滤，林荫道旁的树木也能将七成污染物过滤，而树木的叶面和枝干对于净化空气也有很大的作用。即便在冬天，落叶树也可以过滤掉空气中的一多半粉尘杂物。植物对有害气体具有吸收和净化作用，如臭椿、珊瑚树等可吸收二氧化硫；女贞、大叶黄杨等可吸收氟；悬铃木、水杉等可吸收氯气。因此，绿色植物被称为"人类的肺脏"。

（2）净化水体和土壤

在城市中，大气降水会经地表形成径流，以冲刷的方式带走地表污物；很多水生植物和沼生植物也可以有效净化城市污水。根据相关报道，水池中的芦苇可以减少部分悬浮物、氯化物、有机氮等；草地可以滞留很多有害金属，并吸收大量地表杂物；树木根系可以通过吸收水中溶解质的方式降低水中细菌含量。

土壤在有植物根系分布的情况下，其好气性细菌的含量超过没有根系分布的土壤成百上千倍，这些好气性细菌可以把土壤中的有机物转化为无机物。植物生长靠根系吸收土壤中的水分和营养物质，具有净化土壤的能力。

（3）树木的杀菌作用

针叶树放出的挥发性气体，对许多细菌、某些感冒病毒有相当强的抑制或杀菌作用。相比较没有绿化的街道，在城市中有绿化的区域每立方米的空气的含菌量要少 85%。

（4）改善城市小气候

夏季公园或树林之所以可以让人感觉到清凉舒爽，是因为太阳光有 30%～70% 的辐射热被树冠吸收，进而促进了植物的蒸腾作用，公园绿地或树林里的温度也就降低了很多。树冠的遮挡使得树下的光照量只达树冠外的两成，这就解释了为什么人们更愿意去树下休息。植物的生理机能决定了植物通过蒸腾作用为大气输送湿度，从而为人们创造出更加清凉、舒服的生活环境。

植物在为建筑和土壤提供隔热的同时，也减小了气温的波动。植物在白天大量吸收热量，在晚上慢慢地将热量释放出来，不仅能够降低白天的温度，还能够使夜间变暖。

（5）降低噪声

根据相关研究，植物的树叶可以吸收和消解大部分噪声。树叶可以让噪声声波向各个方向反射，并在树叶振动的过程中消耗声音，进而降低噪声的强度。

2. 植物元素在城市景观设计中的意义

在城市景观设计中，经常利用植物的形态特征表现特质美，利用植物的色彩和季相变化表现季节美，利用植物的装饰特性表现艺术美，利用植物的寓意和象征表现社会美。在城市景观功能方面，可以利用植物材料本身的特性，发挥生态作用、防护作用、实用作用和社会作用。

植物是环境绿化的基础材料和主体。在城市景观绿地中，不同树形、不同规模的丛植可以以不同方式构成多种多样的空间，既可以作为自然景观被人们欣赏，又可以抵消建筑物的硬线条为人们审美带来的负面影响。

植物微观群落是植物与植物之间建立的互惠共生关系。特定的"乔灌草"搭配是物种亿万年进化的结果，符合自然规律，并且能够使群落中的各种生物生长良好，发挥最大的生态效益。

绿量是城市绿地生态功能的基础。想要通过最少的绿地来获得最多的绿量，就要优先选择在光合效率、适应性、枝叶量、叶面积指数等方面都优秀的植物。如果在构建城市绿地时，只大布局地规划草坪，那么就会显得城市的绿量不足，在竖向空间上的层次不足，生态效益也不高，所以，在规划城市景观时要注意适当减少草坪花坛的含量，并立体化地拓展绿地，要构建地面、墙面、屋顶多层次、多景观的绿化景观体系。除此之外，配置植物时要注重推行不同物种在空间、时间、营养生态位等方面的差异性，让整体的植物生态群落在结合"乔灌草"的前提下层次更加丰富、配置更加合理、更加具备复合性。作为城市绿地的基本结构单元，植物群落的规划直接影响着绿地的结构和功能。城市景观设计要力求植物人工群落更加丰富、绿地覆盖更加稳定、绿地空间利用率更高、绿量要充足，从而提高城市景观的生态效益和景观效益。

不同形式的植物配置可以让城市绿地的园林观赏空间更具多样性，也可以提升城市景观效果。成功构建绿地景观、形成城市绿地风格、营造不同意境，关键就在于科学合理地选择植物。

树丛是植有茂密树林的室外空间，可以综合太阳辐射的热量，创造一个独立的被动式微气候。正常情况下，树丛往往位于庭园建筑的北侧来挡住寒风的侵袭，可以设计成几何的网格，或用非常自由的形式来创造一个广阔的树荫区。常绿树是一种非常好的树种，巨大的树冠可以产生很大的树荫。林间小道为在树丛的浓荫下散步创造了一个绝佳的场所。乔木、灌木、地被植物、草皮或者是它们的组合，在降低阳光对地面的直射和反射方面都有非常显著的效果。

园林植物具有明显的季相特点。植物的树形、色彩、叶丛疏密程度和叶丛颜色等方面会随季节的变化而不断发生改变，可以通过配置在外形、结构、色彩等方面丰富多变的树木来构建城市景观，这样可以提高人们的审美效果、提示景观的美感。现如今，各国园林部门都不约而同地愈发重视秋色叶树木。某些欧美国家通过山毛榉来构建园林中的秋景，其景色十分优美。优良的秋色叶树木，具备三方面的优点：一是在秋天时，其叶子足够醒目、亮丽，在颜色上有别于其他季节，所具备的观赏价值要高；二是其具备很强的生长优势和足够厚重的叶幕层，乡土树种是最佳选择；三是其必须属于落叶树种，色叶期、观赏期都要满足人们的需求。

在景观生态学上衡量城市景观好坏的一个重要标准就是看其植物种类的多样性和本土化程度。物种多样性是维持生态系统稳定的关键因素。在我国各地的植物景观设计中，由于片面地追求景观的视觉效果，大量引进外来植物品种的现象层出不穷，有的地方甚至完全不考虑当地气候和当地土质的特性。外来植物的引入改变了城市原有的生态环境，城市原有的生态群落也会受到直接影响。有的地方甚至在根本不考虑本地原始生态状况的前提下，直接通过在整条街道只栽种一个树种的方式来营造街道的整齐感和气派感，这种多树种混杂的情况只会破坏当地的物种多样性，严重时会让城市生态系统变得脆弱甚至崩溃。

综上可知，想要合理配置植物，就要加强对植物品种的认识和筛选、驯化地带性植物生态型和变种的能力，这样才能成功构建具备乡土特色和城市特色的绿色景观。此外，要综合考虑植物的生态型、观赏性，要掌握植物在质地、美感、色泽、绿化效果以及植物种类之间的组合群体美等多方面的因素，使得城市景观所处环境更加协调、更加富有美感。

3. 园林植物的分类与树种选择的原则

（1）园林植物的分类

从规划设计的角度依植物的大小、形态划分，可分为乔木、灌木、藤本、地被植物。

乔木具有体形高大、主干明显、分枝点高、寿命长等特点。依据植物的高度、叶形和常绿落叶又可分为小乔木（8米以下）、中乔木（8～20米）、大乔木（20米以上）针叶常绿乔木、针叶落叶乔木；阔叶常绿乔木、阔叶落叶乔木。

灌木没有明显的主干，多呈丛生状态，或分枝高度较低。灌木有常绿和落叶之分，在公园绿地常以绿篱、绿墙、丛植、片植的形式出现。依其高度可分为大灌木（2米以上）、中灌木（1～2米）和小灌木（不足1米）。

藤本植物不能直立，依靠其吸盘或卷须依附于其他物体上的植物称为藤本植物。藤本植物有常绿和落叶之分，常用于垂直绿化。

地被植物多为低矮的草本植物，用于覆盖地面、稳定土壤、美化环境等。

（2）树种的选择原则

第一，尊重自然规律，以乡土树种为主。乡土树种是本地区原有分布的天然树种，对当地的土壤、气候具有较强的适应性，可以抗御各种灾害，苗源多，易存活，最能体现地方特色，同时还能减少运输成本。作为城市绿化的主要树种，应大力提倡。

第二，选择抗性强的树种。树木的生长离不开土壤、水、日照等自然条件，而以人工环境为主的城市中，空气、土壤污染严重，对树木的生长不利。选择抗性强的树种，能对城市中污染的土壤、空气有较强的适应性，对病虫害有较强的抗御性，能在城市恶劣的环境中生长。

第三，速生树种与慢生树种相结合。速生树种的生长周期短，早期成长速度快，能很快形成绿化效果，但易受外界因素损害，寿命短慢生树种生长速度较慢，从小苗到大树形成绿化效果通常需要30～40年时间，影响城市绿化的效果与景观。将速生树种与慢生树种合理搭配，既能满足城市绿化的需要，又能避免速生树种衰败时的萧条现象，达到合理的更新。

第四，以植物群落为基本单元进行树种的选择和搭配。研究表明，绿色植物的生态效益好坏与绿化三维量有密切的关系。

4. 园林植物在景观中的运用

不同形态、大小、色彩的植物通过规划、设计进行合理的搭配，形成优美的植物景观。

（1）孤植

乔灌木的孤立种植类型，也可同一树种的树木2株或3株紧密地种在一起，形成一个单元，远看和单株栽植的效果相同。其主要表现为植物的个体美，功能是荫庇和作为局部空旷地段的主景。

孤植树一般设在空旷的草地上、宽阔的湖池岸边、花坛中心、道路转折处、角隅、缓坡等处。构图位置十分突出，比较开阔，并有适合的观赏视距和观赏点，最好有天空、水面、草地等自然景物作背景衬托；孤植树也是树丛、树群、草坪的过渡。

孤植树的树种选择：姿态优美、体形高大雄伟的树种；圆球形的、尖塔形的、伞形的、垂枝形的树种；叶色富于季相变化的树种；色彩鲜艳的树种；果实形状奇、巨、丰的观果类树种；树干颜色突出的树种。

（2）对植

乔灌木相互呼应栽植在构图轴线的两侧称为对植。常用在园林入口、建筑入口、道路两旁、桥头、石阶两旁，以衬托或严谨，或肃穆，或整齐的气氛。

树种选择：圆球形、尖塔形、圆锥形的树木，如海桐、圆柏、黑松、雪松、大叶黄杨等。

（3）列植

乔灌木按一定的株行距成排种植，或在行内株距有变化，多用于行道树。行道树在北方多为落叶树，以免影响冬季的日照，热带多用常绿树，遮挡夏季的阳光。列植形成的景观比较整齐、单纯，气势大。

（4）丛植

由数株到十株乔木或灌木组合而成的树种类型。在高度、体型、姿态和色彩上互相衬托形成一定的景观。树丛组合主要考虑群体美，是园林绿地中重点布置的一种种植类型。常选蔽荫、树姿、色彩、开花或芳香等方面有特殊价值的植物。用两种以上的乔木或乔灌木混合配置。

（5）群植

一般在20～30株或以上乔木或灌木混合栽植的称为群植。主要表现群体美，属于多层结构。群植树种的构成：一般采用针、阔叶树搭配，常绿与落叶树搭配，乔木与灌木和草搭配，形成具有丰富的林冠线和三季有花，四季有绿，春、夏、秋、冬季相继变化的人工群落。群落上层多选喜光的大乔木，如针叶树、常绿阔叶树等，使整个树群的天际线富于变化。群落中层多选耐半阴的小乔木，选用的树种最好开花繁茂，或是有美丽的叶色。群落下层多选花灌木，耐荫的种类置于树林下，喜光的种植在群落的边缘。灌木应以花灌木为主。

5.园林植物在景观中的组合

（1）林缘线处理

林缘线是指树林或树丛边缘树冠投影的连线，是植物配置的设计意图反映在平面构图上的形式。

空间的大小、景深层次的变化、透景线的开辟、氛围的形成等，大多依靠林缘线处理。

（2）林冠线处理

林冠线是指树林或树丛空间立面构图的轮廓线。不同植物高度组合成的林冠线，对游人空间感觉影响较大。树木的高度超过人的高度，或树冠层挡住游人视线时，就会感到封闭采用1.5米以下的灌木则感觉开阔同一高度级的树木配置，形成等高的林冠线，比较平直、单调，但更易体现雄伟、简洁和某一特殊的表现力；不同高度级的树木配置，能产生出起伏的林冠线。因此，在地形变化不大的草坪上，更应注意林冠线的构图。

（3）背景树的选择

如果用不同的树种，则树冠形状、大小、高度等应一致，结构要紧密，形成完整的绿面，以衬托前景。背景树宜选择常绿、分枝点低，绿色度深或对比强烈，树冠浓密，枝叶繁茂，开花不明显的乔灌木，如珊瑚树、雪松、广玉兰、垂柳、海桐等。

植物景观同其他景观一样，需要精心细致地思考，并熟知各种植物的观赏特性、形态及生长环境，通过合理的搭配才能创造优美的软质景观。

（三）空气元素

空气是恩培多克勒和柏拉图提出的构成自然的四种基本元素之一，也是被认为占据着"空"的原始物质。

历史上的园林设计者打造了空气的流动，设计了通风降温的空间，这在地中海气候区尤为明显。阿尔伯蒂和维特鲁威都深知太阳的方位决定着冬季温暖空间的设计。两人都相信，透彻理解太阳在天空中的方位对于在夏天创造凉爽、荫蔽的地方至关重要。这两位建筑师不仅抓住了太阳方位的重要性，还注意到季节的环境条件在作为创造供夏季使用的微气候基础时所扮演的重要角色。他们意识到"空气"——风，在冬季要回避或者阻挡，但在夏季生活空间的设计中却不可或缺。

通过对被动式园林要素的恰当布置，能够创造出利用空气流通来制冷的被动式微气候。利用简单的景观和建筑形式如座椅、小径、凉亭、藤架、亭阁、游廊等可对空气进行引导、集中和加速。相反，一些在夏季能够有效地改善微气候的园林形式到冬季就变得极不舒适了。

通过将被动式景观元素融入环境中以减少对空调的依赖是节能的需要。更重要的是，空气作为一种珍贵的物质、生命的呼吸介质，与这种运动建立起联系所带来的身体和精神上的益处应该是设计的基本宗旨。

（四）水元素

水是景观中的一个永恒的主题。水能产生很多生动活泼的景观，形成开朗的空间和透景线，无论是东方园林还是西方园林，水都是必不可少的元素。

对于人们对大自然的向往来说，"青山绿水，山清水秀"的自然景观是可望而不可及的。无论在哪个历史时期，人们都在模仿天然水景的方面下功夫，并根据天然水景不断创造。最近几年，我国住宅建筑领域不断发展，也让人们对水景的需求不断提升。无论是住宅区还是广场区，包含水元素的景观越来越多，不断增多的喷泉广场就是最好的证明。

水景观主要分为两种：第一种是如溪流瀑布、人工湖、养鱼池、涌泉、跌水等以地势和土建结构为基础，并参考天然水景而构建的水景观，这种水景常见于我国传统园林；第二种是如音乐喷泉、程序控制喷泉、旱地喷泉、雾化喷泉等运用科技设备控制的水景观，这种水景观在最近几年发展的建筑领域中被越来越多地运用。

1. 水的用途

（1）消耗

用于人和动物消耗，运动场地、野营地、公园都存在着消耗水的因素，水的来源、水的运输方法和手段成为水体设计的关键。

（2）灌溉

灌溉包括喷灌、渠灌、滴灌三种类型。

（3）控制小气候

流动的水体周围负氧离子浓度最高，大面积的水域能影响周围环境的空气温度和湿度。

（4）提供娱乐条件

水体作为游泳、钓鱼、划船等场所。

2. 水的景观特性

（1）水的状态

水有静水、流水等多种状态，每种状态各有自己的特征。

静水：平静的水一般在湖泊、水池中可见到。水的宁静、轻松和温和，能驱散人的烦恼，如湖泊、池沼等，常设置在公园中的安静区。

流水：流动的水具有活力，令人兴奋和激动，加上潺潺水声，很容易引起人们的注意。流水具有动能，在重力作用下由高处向低处流动，高差越大动能越大，流速也越快，如溪涧、泉水、瀑布等。

（2）可塑性

除非结冰，水本身没有固定的形状。水形是由容器的形状决定的，同体积的水能有无穷的变化特征。

（3）水声

水流动时或撞击某一实体时会发出声音。依照水的流量或形式，可以创造出多种多样的音响效果，完善和增加室外空间的观赏特性。

（4）倒影

水能形象地映出周围环境的景物。

3. 水的审美观

（1）水的否定性情感起源

在《淮南子·览冥训》中："往古之时，四极废，九州裂……水浩洋而不息……于是女娲炼五色石以补。"有了洪水就要治水。古时出现了诸如堰、坝、堤、水库、运河等治水或水利工程。这样的大体量人工构筑物作为自然山水的"入侵者"是有悖于普遍的风景评价标准的，但由于它具有对水的征服及利用含义，在处理得当的情况下，作为壮观的人类力量的象征进入审美意识，如良渚古城外围大型水利系统、都江堰工程等。

（2）重源观念

在中国传统的水审美观中，水首先是"源"的问题。中国古典园林和造园理论深受山水画的影响，重源观念在园林的意境创造过程中表现得尤为突出。例如，在明朝时期计成的《园治·相地篇》中："立基先究源头，疏源之去由，察水之来历。"在乐嘉藻的《中国建筑史》中"水泉之在庭园，如血脉之在身体……源不易得也。"在陈从周的《说园》中"因林之水，首在寻源，无源之水，必成死水。"

4. 亲水心理

人类对水怀有特殊的情感，自古以来就傍水而居，临水而饮，无水之处几无人烟。人们在水边感到空气清新、舒适。建造水景时要考虑亲水性，如建造亲水平台、栈道等。

5. 水构成的景观

（1）湖、海

景观中的大片水面，一般有广阔曲折的岸线与充沛的水量。大者可给人以"烟波浩渺，碧波万顷"的感觉。因此，用比拟、夸张的手法引人联想而称"海"。大面积的水面视域开阔、坦荡，有托浮岸畔和水中景观的基底作用，如北京的北海公园。

景观中观赏的水面空间，面积不大时，宜以聚为主，大面积的水面空间可加分隔，形成几个不同趣味的水区，增加曲折深远的意境和景观的变化。

（2）水池

水池可分为规划式水池、自然式水池或水塘。

规划式水池：是指人造的蓄水容体，池边缘线条挺括分明，池的外形属于几何形。主要用于室外环境中，可以映照天空或地面物。

自然式水池或水塘：人造或自然形成。岸线多以自然驳岸为主，考虑亲水性时可设置部分亲水步道。整个岸线全设计成亲水道路，有将水岸线封死的感觉，可设计成时而亲水时而远离水面，若隐若现，呈现一种神秘感，增加景观的空间性。

（3）流水

用以完善室外环境设计的重要的水的形态。作为一种视觉因素，根据规划的关系和设计的目标以及周围环境的关系，考虑水所创造的不同效果。公共空间中的流水设置，以能形成空间焦点和动感为主，自然环境中的流水以小溪流和水润为主，形成一种神秘的空间感。

（4）瀑布

瀑布是由水从高处倾泻至下而形成，其观赏效果要强于普通流水，故往往被当作视线焦点来规划。设计瀑布时，要将瀑布与环境的尺度和比例、瀑布所处位置等因素都考虑到，这里所说的位置包括如向心空间的焦点上、轴线的交点上、空间的醒目处或视线容易集中的地方等。瀑布主要包括自由落瀑布、叠落瀑布和滑落瀑布三类。

自由落瀑布能够不间断地从一处落到另一处，其中的"落"主要和水的流量、流速、高差以及瀑布口边等因素有关。由于自由落瀑布具备很强的不稳定性，在对其加以运用前首先要考虑其落水边沿和水量分布，不同的边沿会产生不同的审美效果。

叠落瀑布在瀑布的叠落过程中添加一些障碍物或平面，控制水的流量、叠落的高度和承水面，产生的声光效果比一般瀑布更丰富多变，更引人注目。

滑落瀑布与流水有些相似，不同的是滑落瀑布经过较陡的斜坡时的水量较少。

灵活运用以上三种瀑布进行景观规划，可以让景点展现出多种审美效果。

（5）喷泉水

喷泉水可利用天然泉设景，也可造人工泉。喷泉多为人工整形泉池，常与雕塑、彩色灯光等相结合，用自来水和水泵供水。

6. 水面的分隔与联系

水面的分隔与联系主要由堤、桥、岛等形成。

（1）堤

堤既可以把大的水面分割为多个小的景区，又可以被用作通道。园林的堤以直堤居多，曲堤比例比较小。堤过长会影响景观的整体美感。通常以堤上设桥的方式来使水上交通和沟通水流更加方便。为将水面划分为多个大小不同、主次分明、风景变化的水区，要保证堤所处位置不能过于居中，应偏向一侧。

（2）桥

小水面的分隔及两岸的联系常用桥。一般建于水面较狭窄的地方。但不宜将水面平分，仍需保持大片水面的完整。

（3）岛

岛可用于划分园林的水面空间，让水面所成水域更具情趣。水面的连续感可以让风景的层次更加丰富，特别是在大的水面规划部分岛能不让水面过于单调。

7. 水岸的处理

景观中水岸的处理直接影响水景的面貌。水岸包括缓坡、陡坡、垂直等形式。在岸坡角度比土壤安息角度小时，可以通过种植草和地被植物的方式，以其根系来防止岸坡被水土冲刷，也可以通过人工砌筑硬质材料的方法对其加以保护；在岸坡角度比土壤安息角度大时，则需人工砌筑成驳岸。

（五）色彩元素

色彩元素在现代景观环境设计中的受关注度越来越高，它可以影响景观的视觉效果，进而影响人们的心理和生活。在人们的日常生活中，色彩也是非常重要的，没有色彩的世界、没有色彩的生活是没有美感的。

大自然中的山川、河流、密林、天象等景观因所处地域不同而拥有不同的色彩，并且随着时间的推移而不断变化，为人们呈现出一副流动、难以捉摸的色彩长卷。自然景观的色彩大多是出自自然本身，无法通过绘画、雕塑等人类行为加以干预，这就代表自然本身色彩斑斓的景物具有特定的自然美感，在不经人力的前提下可以通过一定的组合和规划直接提升景观的整体美感。

景观环境中的色彩主要分为两种，一是自然色彩，其种类多、变化性强，因为不同植物在不同季节、不同部位所呈现出来的色彩都是不尽相同的，每一种植物在色彩变化上都有独特的规律；二是景观环境的基调色，主要指的是生物色彩，其中植物色彩在景观环境占据较大比例。

无论在墙上、街道上、建筑上，还是人们生活中的其他地方，色彩都以视觉艺术的身份被用于装饰城市、美化环境、美化生活以及提升社会的整体感官享受和独特魅力，并时刻彰显精神文明。要组合、搭配景观环境色彩，就要秉持以满足人们视觉需求为主的原则。人们的视觉需求是不断更新、不断变化的，当然也在某一时期保持稳定。同一种景观多次出现在视觉系统中，会固化审美的神经联系，使得人们渐渐对该景观失去兴趣，即使是发自内心地喜欢，长时间观看同一种景观也会产生审美疲劳。这就要求组合、搭配景观色彩，以保证紧跟人们视觉需求的更新步伐，顺应时代的审美要求。

人们可以以色彩对比、色彩类比为目标，通过直观设色的方式来组合建筑、小品、铺装、人工照明等人为物的色彩，因为人工物的色彩可以在景观的整体美感中起到画龙点睛的作用。

1.色彩艺术在景观设计中的重要作用

色彩可以调节人们的情绪，不同色彩能够给人们带来不同的视觉感受和心理感受，进而让人们产生不同的情绪。例如，红色给人以热情、兴奋的感受；黑色给人压抑、沉闷、冷酷的感受。由此可知，对于园林设计而言，因不同色彩引起特性而充当不同角色。

（1）让园林景观更加丰富化

园林景观具备色彩、形态、味道等多种美学特征，这是各种色彩所具备的不同风格、不同姿态所决定的。运用不同方式、不同手法处理色彩，可以让园林景观体现出不一样的神秘感和美妙感。

（2）让园林意境更加丰富

作为城市生态环境中的亮点之一，园林设计足够亲和、唯美以及足够适应生态，能够增加园林本身的亲切感。意境是我国几千年始终不变的精神追求，古诗词可以通过与现实结合的方式展现意境美，而对于园林设计而言，色彩能够表达精神，能够彰显园林设计的思想和效果，既能表达人们的主观意愿，又能丰富园林景观的整体意境。

（3）能为人们提供美感

色彩一方面抽象地存在于人们的思维中；另一方面也真实地反映在园林设计中。色彩具备张力美，不同色彩可以展现多种多样的艺术形态，也可以彰显多种主题风格。园林设计以生态环境为中心，而色彩更应该体现出这一原则，并为人们提供更加质朴、更加闲适、更加丰富的美感。

2. 色彩艺术在景观设计中的具体应用

经过色彩补充和装饰的园林景观建筑可以表现得更加多姿多彩，如诗如画。对于园林景观来说，色彩是具备多样性的，能够让本不具备生命的景观物体焕发出明显的生命活力。园林设计在色调方面可以凸显出暖色系、冷色系、同类色、对比色、金银色和黑白色等多种风格的主题。

（1）暖色系

作为园林设计中的常用色彩，暖色系能给人温暖、和谐、安稳的体验，其所包括的红、黄、橙三种比较接近的色彩能够展现出欢快、热情、温暖、和谐等美好的风格，花坛、大厅以及一些热烈的场面广泛对其加以运用。

（2）冷色系

冷色系色彩主要包括青、蓝及其邻近的颜色。冷色系因其本身波长短、可见度低等特点而会给人们带来一种距离感。建设园林景观时，可以在空间较小的环境边缘地带摆放一些冷色系的植物或花卉，以此来增强空间的深远感。此外，冷色系自带收缩感特性，相同面积的色块，冷色系比其他色系看上去会更小。所以，在建设园林景观时，可以通过冷色系和暖色系的合理搭配，来将气氛渲染得更加明朗欢快。现代城市广场设计通常将冷色系与暖色系的植物或者花卉放在同一处，以此来满足人们的视觉审美。然而，一味地只使用冷色系色彩，会让人觉得肃静、庄严，这种做法常见于大型园陵中。

（3）同类色

同类色指的是在色彩、色相、明度、纯度等方面都接近的颜色，在视觉上易混淆、难分辨，但其协调度高，能在空间、心理等方面给人带来柔和的感觉。运用同类色的近景可以凸显层次感。

（4）对比色

景观运用对比色指的是运用具有明显差异的不同色彩，通过一定的搭配和组织，达到醒目、张扬的效果，进而吸引人们的关注，这种做法多见于室外环境设计。在建设园林景观时，通过对比色可以提升图案、花坛、建筑物等景观的艺术感和视觉效果，给人以快乐和热闹的感受。此外，补色能使色彩对比更加具有明度和纯度，合理补色可以更好地规划园林中的植物种植面积。

对于景观植物造景来说，对比色的重要性毋庸置疑，所谓形容植物花卉组合的"万绿丛中一点红"这句话说的就是这个道理。在园林建设中，合理运用对比色可以强化园林的艺术效果。

（5）金银色和黑白色

这些色彩很少用于点缀园林设计，多用于墙体、护栏等建筑类型。金银色属于现代园林建筑中的普通色彩，很少用于建设其他环境；黑白色也被称为极色，常见于南方传统园林建筑中，可以彰显古代文人的清高、优雅。

二、构成城市景观设计的要素

秦朝崇尚大气古朴的黑色，南北朝崇尚明快飞扬的蓝色，宋代推崇清新雅致的绿色，以表达"存天理，去人欲"，在历朝历代中，黄色象征皇权，红色以其气势磅礴的特点一直扮演着国色的色彩角色。现如今，社会不断发展，城市功能也不断完善，城市景观构成愈发趋向于多元化、复杂化。从宏观属性的角度看，构成城市景观的要素主要分为灰色、绿色和蓝色三种色彩。

灰色要素主要包括城市中的如桥梁、立交桥、道路、广场、生产设施、公共设施、历史古迹等人工构建物。

绿色要素主要包括城市中的如丘陵、山脉、树林、绿地、动植物等充满生命力的景观要素。城市是人类改造自然的最大产物，城市中的自然形态在人类改造能力不断增强的情况下，遭到严重的破坏，人工景观充实着整个文明、整个城市。纯真的自然景观也只有在乡村才得以显现。

蓝色要素主要包括城市中的河流、湖泊、湿地等水景。

灰色、绿色、蓝色要素在城市中表现出不同的形态，三者存在相互独立、相互融合的关系，城市中很多空间形态和景观形式正是来源于此。

第三节　城市景观设计内容

城市景观设计是在城市特定环境中从功能、美学、心理学的角度研究各种物质构成因素的存在方式。由于城市环境与人的生活密切相关，所以，两者之间存在着相互影响的关系：人的主观意愿引导着城市景观形态的建设，并对已存环境施加影响力；城市景观形态向人们传递着无限的信息，支持人们的活动，丰富人们的生活内容。这一关系表明城市景观形态始终处于不间断的变化之中。

城市景观设计的本质是表达特定的文化，它能够将人类物质和人类精神两方面高度结合，其最终的目标是让文化要素、生物要素、物理要素保持高度的均衡和协调。设计城市景观，要掌握如生命力、精神、真实性、实用性、发展过程、与人的生命活动之间的联系等自然特征或人文特征，要力求将这些内容和城市景观设计融会贯通，进而改善城市景观设计的模式和尺幅。需要注意的是，景观设计并不是人类主宰自然的表现，其本质目标是让城市文化要素、生物要素和物理要素之间保持协调和平衡。

一、景观设计的内容分类

世界范围内的园林都起源于人类在栖息地周边围起篱笆并在篱笆内进行一定的种植这一做法，它是一种围绕人进行的艺术。建筑和园艺都出自人手，都是特定的文化。波斯以东地区的园林很快进入"猎苑"式阶段，而巴比伦以西的园林按照几何式方向发展，这一现象至今没有被解释清楚。

当今社会，园林不断拓展风景，风景园林让自身的视野变得更宽广、尺度更大胆，进而按照规划地球的梦想进行研究。但是，客观存在的矛盾律又时刻提醒我们任何事物都存在其对立面，想要放大风景园林的规模，就要仔细研究如何将以艺术为主转变为以科学为主，尺度原则也就应运而生。尺度原则指的是通过在不同尺度空间遵循不同原则的方式来协调人工与自然之间的联系，具体含义如下：

A类：指的是完全经由人工而建成的城市建筑密集区，它极大地展现了人类的创造才华。在这片区域里，自然不再那么重要（未来可能用巨大的玻璃罩将其笼罩，甚至其中的空气都可能是人造出来的）。人类不可能将这种景观的占地面积控制在1%以下（这样也有100多万平方千米，以地球总人口100亿计，人均100平方米）甚至更少，对于人类而言是十分有利的。从原则出发，这种景观是由建筑师和城市设计师主导完成的，风景园林师并不参与其中，但部分具有建筑、规划或美术功底的风景园林师和园林师也可以参与到这种景观的创造中。

B类：指的是风景园林领域，不同领域的风景园林在自然和人工的权重比例上是不同的，主要包括以下四种：

（1）自然占20%的空间，人工占剩余的80%，主要包括城市和工矿区。其中所说的20%的自然占比指的是绿色基础设施。城市应该属于广大市民，并通过发展科学和文化来让广大市民体验征服自然的快感。这也体现出"以人为本"的方针，要让各种自然灾害以及猛兽、害虫、禽流感、血吸虫之类对人不利的因素远离广大市民，也要在顶层设计阶段适当压缩市民的能力范围。例如，可以将城市和建设用地的总面积控制在地球陆地面积的2%~3%以内，因为这个面积已可供100亿人生存，也可以在上述基础上再为艺术家们分出3%施展才华。

（2）自然占40%的空间，人工占60%的空间，主要包括农村类型的居住区域。建议将喜好施展才华的艺术家们限制在城市范围内，不让他们接触农村类型的居住区域，这样一来当地居民才能守护原本的生活环境。

以上自然和人工的权重比例两种类型，合计最好不超过地面的5%。

（3）自然占60%的空间，人工占40%，主要包括农田、牧场、鱼塘、经济林等第一产业用地。这种土地以自然规律为主，且主要服务于人类经济，风景园林师可以对这种土地领域发表建议，却不可加以干涉。而大地艺术家们在这片领域也不能按照主观意愿肆意妄为。这种土地的规模大概占地面整体的30%~40%。

（4）自然占有80%的空间，人工占20%的空间，指风景名胜区、国家公园、郊野公园等。这里是人类侵入大自然的地方，应该以大自然为主，人工只是必要的服务设施和风景点缀。

C 类：是绝对自然的自然保护区和人迹罕见的森林、草原、湿地、冰川、荒漠等。

现代景观规划设计的范围非常广阔。诸如区域规划、城市规划、社区规划、道路规划、建筑物和构筑物室外环境设计等。但职业景观设计师的工作还远远不止这些，还应该有：城市公园、城市广场、社会机构和企业园景观、国家公园和国家森林、景观规划与矿山迹地恢复、自然景观重建、滨水区、乡村庄园、花园、休闲地等。此外，近年来深受关注的城市水系整治也是景观设计师的重要工作内容之一。

二、风景园林学的研究内容

风景园林学作为景观设计的主要学科，有着较为重要的研究地位。在文章《对于风景园林学 5 个二级学科的认识理解》（《风景园林》，2011(2)：23-24）中为我们清晰地指出作为国家一级学科的风景园林学，其二级学科的研究内容。

（一）风景园林历史理论与遗产保护

该二级学科要解决风景园林学学科的认识、目标、价值观、审美等方向路线问题。主要领域有以下几点：

（1）以风景园林发展演变为主线的风景园林文化艺术理论。

（2）以风景园林资源为主线的风景园林环境、生态、自然要素理论。

（3）以风景园林美学为主线的人类生理心理感受、行为与伦理理论。

这三大领域的综合构成了包括各类风景园林遗产保护在内的风景园林学科实践应用的理论知识基础。这是一个以"理论""风景园林遗产"为核心词的二级学科。

（二）大地景观规划与生态修复

该二级学科要解决风景园林学科如何保护地球表层生态环境的基本问题。主要领域有以下几部分：

（1）宏观尺度上，面对人类越来越大尺度的区域性开发建设，运用生态学原理对自然与人文景观资源进行保护性规划的理论与实践。

（2）中观尺度上，在城镇化进程中，发挥生态环境保护的引领作用，进行绿色基础设施规划、城乡绿地系统规划的理论与实践。

（3）微观尺度上，对各类污染破坏了的城镇环境进行生态修复的理论与实践，诸如工矿废弃地改造、垃圾填埋场改造等。这是一个以"规划""土地""生态保护"为"核心词"的科学理性思维为主导的二级学科，时间上以数十年至数百年为尺度，空间变化从国土、区域、市域到社区、街道不等，需要具有时间和空间上的高度前瞻性。

（三）园林与景观设计

该二级学科要解决风景园林如何直接为人类提供美好的户外空间环境的基本问题。主要领域有以下几点：

（1）传统园林设计理论与实践。

（2）城市公共空间设计理论与实践，包括公园设计、居住区绿地、校园、企业园区等附属绿地设计、户外游憩空间设计、城市滨水区、广场、街道景观设计等。

（3）城市环境艺术理论与实践，包括城市照明、街道家具等。这是一个以"设计""空间""户外环境"为"核心词"的兼具艺术感性和科学理性的二级学科，需要丰富、深入的生活体验和富有文化艺术修养的创造性。因为实践内容与日常人居环境息息相关，学科专业应用面广量大。

（四）园林植物应用

作为风景园林最重要的材料，该二级学科要解决植物如何为风景园林服务的基本问题。主要领域有以下几点：

（1）园林植物分析理论与实践。

（2）园林植物规划与设计理论与实践。

（3）风景园林植物保护与养护理论与实践。

（五）风景园林工程与技术

该二级学科要解决风景园林的建设、养护与管理的基本问题。主要领域有以下几方面：

（1）风景园林信息技术与应用。

（2）风景园林材料、构造、施工、养护技术与应用。

（3）风景园林政策与管理。

第二章 城市景观艺术设计研究

城市景观艺术设计是时间与空间艺术的综合表现体，其对象涉及自然生态环境和人文社会环境的各个领域，具有多领域交叉、渗透的特点。本章为城市景观艺术设计研究，从三个方面进行论述，第一节为城市景观艺术设计综述，第二节为城市景观艺术设计构成，第三节为城市景观艺术设计方法与应用。

第一节 城市景观艺术设计综述

一、城市景观艺术设计是一种综合空间艺术

人类生存的空间环境是与自然环境、人文环境有着千丝万缕联系的社会生活场景。城市是人类聚居最基本、最重要的组成形式，是物质和精神要素的综合反映体。而城市作为人类创造的巨大人造物系统是建立在自然之上的，因此，城市的建设与发展需要协调人与自然的关系、人与物内部之间的关系；同时，城市作为一种场所和人类活动的空间载体，人文要素亦是城市不可分割的动态因子，城市需要协调人与人之间的关系。

城市景观的艺术化处理即城市景观艺术设计，它是改善人类生存环境，提高人们生存质量，创造理想生活的一种有效手段。可以这样认为：城市景观艺术设计是一种旨在改变人类的生存质量和生存方式，设计和引导社会和人的行为方式，创造适合人类生存的艺术化的环境的设计创造活动。城市景观艺术设计所涉及的物质范畴主要指经人类创造或改造而形成的城市建筑实体之外的公共空间部分。

纵观国内外，继城市设计之后，城市景观艺术设计越来越受到人们的重视。

城市景观艺术设计将作为一种新的理念和方法，以科学与艺术相结合的综合手段来协调自然、社会两种不同环境之间的关系，使之达到最佳状态。

二、城市景观艺术设计与城市规划、城市设计、建筑设计、园林设计

城市是人类文明积淀和技术创新的集中汇聚地。千百年来，人类始终梦想着拥有诗意的栖居地——打造安全、可亲、舒适、高效而美丽的家园，并为此付出不懈地努力。随着社会经济的不断发展、城市化进程的不断迈进，以及社会分工的不断细化，人们从各自不同专业领域、不同层面、不同角度关注研究着城市的昨天、今天、明天乃至更为遥远的未来。关于城市发展建设的研究与实践呈多学科交叉互补共生的态势已是现实与必然，其中主要学科专业有城市规划、城市设计、建筑设计、园林设计等，而城市景观艺术设计作为其中的一个新兴学科专业领域，正日益受到人们的重视。它与其他众多学科在研究对象、研究内容和研究方法以及解决设计问题的路径与手段等方面既有区别又有联系。

（一）城市景观艺术设计与城市规划

城市规划是指在一定时期内，依据城市的经济、社会发展目标及发展的具体条件，对城市土地及空间资源利用、空间布局以及各项建设等作出的综合部署和统一安排，并对其实施的管理。城市规划拥有相对宽广的研究对象和领域，通过对土地和空间资源的预期安排，协调城市各组成要素在空间上的相互关系，是综合了经济、技术、社会、环境等四个要素的规划，追求的是经济效益、社会效益、环境效益三者的平衡发展。对于城市整体宏观层面上的空间资源分配，城市规划起到了决定性的作用。城市规划的具体操作通常分为总体规划和详细规划两个阶段。城市总体规划是从宏观层面上把握全局性的城市性质、规模、发展方向、空间布局结构形态、发展时序等问题；而详细规划则解决具体物质建设问题，为管理和下阶段的修建性详细规划提供整体控制的依据。其中详细规划偏重于技术经济指标，更多地涉及工程技术问题，其成果偏重于二维及法律政策性条款，而设计图纸和方案居于从属地位。

城市景观艺术设计应在城市规划的总体指挥下，自觉服从其各项指标的约束，

从而使其自身在融入城市的整体和成为城市有机组成部分的同时，提升城市空间的艺术品质。

（二）城市景观艺术设计与城市设计

城市设计是社会发展下专业分化和学科交叉的产物。城市设计是对包括人和社会因素在内的城市形体空间对象进行的设计工作，意在优化组织城市开放空间，特别是建筑之间的城市外部空间。较之城市规划，它更关心具体的城市生活环境和与人的活动相关的环境、场所意义及人对实际空间体验的综合评价，更侧重于建筑群体的空间格局、开放空间和环境的设计、建筑小品的空间布置和设计等；较之建筑设计和园林设计，城市设计更立足于对环境和整个城市全面系统地分析和准确评价之上，更多地反映社会大多数人的长远利益和意志。城市设计是城市规划的补充、深化和延伸，它通过制订导则的形式为建筑设计及园林设计提供空间形体的三维轮廓和由外向内的约束条件，从而在城市规划与建筑设计、园林设计之间架设了有效的桥梁并起到了缓冲作用。

城市设计是城市景观艺术设计的重要基础，其涉及建筑物的城市空间部分的导则是城市景观艺术设计进行再设计与深化的依据。

（三）城市景观艺术设计与建筑设计

建筑设计是指对城市中某一具体单体建设项目进行的设计。通常是建筑师受业主或发展商委托，依据其拟定的项目设计任务书及城市规划管理部门依据详细规划拟定的设计要点来展开设计。尽管建筑师们总是竭尽全力地或在实用、经济、美观之间制造平衡点，或在建筑实体和城市空间之间寻求最优关系，或在业主利益和公众利益之间寻找最佳契合点，但由于城市中的建筑毕竟分属不同的团体或个人，他们有着各自不同的局部利益，而建筑师与他们事实上是一种雇佣关系，这就决定了建筑设计最终取决于建筑师及其业主的利益取向和审美价值取向，因此，相对于城市景观形象等整体环境利益来看，建筑设计往往带有局限性。无论一栋建筑单体设计得如何精妙绝伦，倘若它与周围空间环境及其他建筑实体缺少对话与联系，即与城市整体空间环境无法契合时，它便难以发挥其对于城市景观形象建设所应有的社会效益，有时甚至还会起到负面作用。

建筑设计与城市景观艺术设计的关系是并列的，在城市总体规划这一隐形指挥棒的调度下，互为依存、相辅相成，共同构成完整的人类创造的生活空间场所。

（四）城市景观艺术设计与园林设计

园林设计，在世界各国有着各不相同的称谓、性质和规模，但均具有一个共同的特点，即在一定的地段范围内，利用并改造天然山水地貌或者人为地开辟山水地貌，结合植物的栽植和建筑的布置，从而构成一个供人们观赏、游憩、居住的环境。园林设计利用植物、土地、水体和建筑四要素而展开的规划和设计。古代园林景观绝大多数是为少数人所私有，而现代园林设计的内容已大大超出宅院、别墅和公园的范畴，在此基础上得到进一步拓展和延伸，它直接面向最广泛的普通大众，几乎遍及人们活动的所有场所，如城市居住区、商业区、文教区、工业区等，其造景要素也在原先四要素的基础上借助现代科技增加了声、光、电等多种元素，泛指为城市中的人们提供游憩的公共绿地场所。

在城市的空间范畴内，园林设计是城市景观艺术设计的一个重要组成部分。现代园林设计，是以植物要素为主的景观艺术设计，花草树木的合理配置占据其设计的首要地位。

人性化的园林设计为城市局部环境的改善起到了一定的调节作用。

总的来说，城市景观艺术设计是继城市设计之后又一个学科交叉的专业设计领域。作为众多学科共同研究创造的人类城市文明，只有通过人类的感知和认同才能获得存在的意义。有关研究表明，在人们的感知活动中，85%的信息来源于视觉的感知活动。城市景观艺术设计从视觉规律入手，探寻城市景观形象的设计方法，意在对城市景观空间形象进行艺术整合，以确立一定的视觉秩序，建立良好的空间视觉环境，反映城市的地域精神、文化内涵和美学取向；同时重视视觉环境对人的行为和心理的影响，把握四维的运动视觉规律，创造舒适宜人的场所。

城市景观艺术设计研究范围与城市规划、城市设计、建筑设计及园林设计有着许多交叉的领域和融合的方面，它包含了城市中一切可见的空间、景物、形象和事件等。作为一种综合空间艺术，与上述学科专业相比，其设计要素更为多样，设计手段更加具有整合性，许多独立于城市空间、建筑、园林等传统设计要素外的附属物，如户外广告传媒形态、城市设施、公共艺术等，也均属其列。

三、城市景观艺术设计的艺术至境

意境又称艺术至境，是美学中的最高境界，由一般的艺术形象上升为具有意境的艺术需要一个漫长的过程。艺术至境依次可分为三个层次：形象——意象——意境。它是我国古典美学中的一朵奇葩，最早被运用在文艺美学中。

城市景观艺术设计中的艺术至境也包括三个层次：城市形象、城市意象和城市意境。回溯人类的城市建设，将艺术至境原理的三个不同层次在城市景观艺术设计中运用的实例十分罕见。古代的城市景观艺术设计的探索只是停留在"城市形象"和初级的"城市意象"（如我国的传统风水观）上，西方的"城市意象"设计则始于 20 世纪中叶，并以凯文·林奇的城市意象理论为代表且盛行一时。而"城市意境"设计的手法，只有在一些特定的空间才得到运用，例如我国的传统园林设计就大量运用了意境设计的手法。

（一）城市景观设计艺术至境的相关概念

1. 城市形象

城市形象主要指由建筑物、绿化、自然资源、各类城市设施等诸多因素构成的具体物象，这是城市景观艺术设计的基础。

2. 城市意象

在城市景观艺术设计中所运用到的意象原理属于"内心意象"的范畴。一般情况下，我们认为城市意象就是人们在心理上对城市形象的客观印象，它主要指通过人们对城市空间环境的心理印象，来评价城市的客观形象。可以这样来理解城市意象，城市意象中的"象"即城市的形象——城市空间及空间中的物质实体，而"意"指人们心中对城市景观设计、构建的客观存在的主观印象。"意"通过"象"来表达，并为人们所感知，从而得出城市的整体印象。

3. 城市意境

意境包括"意""境"两个方面,同样城市意境也包括两方面。在城市意境中,"境"指形成主观构思的城市形象的客观存在,而"意"则与"意象"中的"意"的含义不同,它是指审美主体在"境"中,运用主观的思维活动所产生的各种情感,即城市意境是主客观两方面相统一而形成的有机和谐的整体。

(二)城市景观艺术设计艺术至境的形成机制

对于城市景观,人们首先感知的是城市形象,它是构成城市景观的物质条件,它既源于现实又是经过人工加工而成。城市形象是产生城市意象、城市意境的基础条件。

审美主体在审美感知过程中,将感知到的直接产物——城市形象,借助联想、想象等,综合生成主体意识中的虚象,即城市意象。城市意象的产生是借助了富有特征意义的物质形态——城市形象所传达出审美内容的特定感知信息而形成的。

城市意境是设计者所向往和追求的最高目标。它是寄托情感、观念和哲理的理想审美境界在城市景观艺术设计中的映射,需要通过设计者对城市形象的典型概括和高度凝练,赋予景象以某种精神情感的寄托,然后加以引导和深化,使审美主体在观赏这些具体的城市形象时,或触景生情,或产生共鸣,或激发联想,并对眼前景象进行不断地补充、拓展,经过"去象取意"的综合思维加工后,感悟到景象所蕴藏的情感、观念,甚至体验到某种人生哲理,上升到"得意忘象"的纯粹的精神世界,从而获得精神上的一种超脱和自由。

(三)城市意象与城市意境的区别

城市意象只是审美主体运用"内心意象"的理论体系,对一个城市的客观存在——城市形象产生的心理印象,它不涉及审美主体——人的内心世界;而城市意境是指从意境的角度来塑造城市景观形象,即以城市的主体——人为原点,综合考虑城市的各种自然要素和人文要素,在城市的客观形象中融入"情""意"的内涵,使其具有底蕴深邃的审美效果,以充分满足人们在精神上对城市景观形象的高层次的需求。城市意境必须由表及里，激发人们内心深处的情感。情景交融是城市意境最主要的特征。

相对城市意境而言，城市意象的产生较为容易。具备一定感知能力的人进入某一城市，就能够形成对城市的基本认知，从而形成个人对该城市的意象。同时，每一个城市中重要的标志物、节点、城市的区域、道路等是相对固定的，这是人们对城市意象产生共同认知的重要基础。例如江苏的南京，其东北有紫金山，西北有长江，北有玄武湖，南有莫愁湖，宁镇山脉绵延起伏环抱市区，周围河湖纵横交错，城内有秦淮河贯穿市区，城里还有清凉山、石头城。南京城可谓背山、襟江、抱湖，给人一个天然的山水城市的城市意象，古往今来，南京素有"龙盘虎踞"之称。而山东的济南城，南面有千佛山，北面有大明湖，可以说是背山面湖的山水城市，故有"一城山色半城荷"之称。济南的周边临黄河河岸，有"齐烟九点"——九座小山丘，造成了"水抱城，城抱水"之势。济南城的营造，充分重视了"品"字形"三泉鼎立"的形势，把城的西南、东南角正好选在趵突泉和黑虎泉，把城市的中轴线安排在珍珠泉。此外，在住宅区的建设中，还充分运用泉水这一自然优势，"家家泉水，户户垂杨"，着力凸显泉城的城市意象。

城市意境的产生，既受社会历史、文化脉络、自然地理、气候等客观因素的制约，又受审美主体的审美能力和心境等主观因素的影响。不同的人怀着不同情感的时候，所产生的意境是不同的。这就是为什么古时秦始皇和汉武帝在登临碣石的时候，想到的是虚幻的仙境以及长生不老，而曹操想到的却是沧海，是多么的雄奇博大，无边辽阔，包容万象，能吞吐日月，容纳星辰。

可见城市景观艺术设计中的意境的形成需要审美主体的支撑，但不同人对于色彩与材质，乃至植物都有不同的感情，而且产生的意境会随着气候、时间等的变化而变化，就如苏轼所描绘的杭州西湖一样："欲把西湖比西子，淡妆浓抹总相宜。"因此，在进行城市景观艺术设计时，应加强审美主体——人在城市中不同的感受体验及需求的研究，并充分考虑各方面因素的影响，运用一些有利的自然因素及各种主观的条件，形成具有美妙意境的城市景观形象。

第二节 城市景观艺术设计构成

一、城市景观艺术设计的理论要素构成

（一）城市景观艺术设计与人居环境设计

我们一般将环境分为三部分，分别为社会环境、自然环境和人工环境。其中的社会环境的主要构成因素就是人，人是社会环境的主体构成部分，而由人所构成的文化就是其中的核心要素。自然环境所指的就是由山石、草木、水系等自然元素和风、雨、雪等自然现象所共同构建成的有机体。最后，人工环境顾名思义，就是由构筑物和建筑物所组建而成的环境，当然这些都是人工参与建造完成的，是景观设计的主体部分。从人类参与环境改造的程度而言，我们又可以将其分为人文景观和自然景观两大部分，而从名称上来看，其中的人文景观在社会环境中相较于自然景观而言，就是十分抽象的了。景观设计就是运用科学和艺术手段来进行环境改造的过程，整个过程所研究的就是对于外界环境的艺术化处理。对于自然景观和人文景观而言，它们所涉及的就是室外环境的设计，室内设计是不在其管辖范围内的。整个景观设计过程并不仅仅是用到设计和植物等方面的知识，甚至设计师对建筑学、历史学、心理学和宗教等方面的知识都要有所了解。

人居环境规划所研究的就是人们的日常起居环境，设计所侧重的就是其功能性和艺术性，最终的目的就是要改造规划出适合人类长期居住的人居环境，这一方面的规划设计是与人类的日常生活密切相关的。人们一天中大部分的时间都消耗在了生活和工作上，由此可见，人的居住环境对于他们的日常生活而言，影响力是十分巨大的。自古以来，不论是国内还是国外，人们对于人居环境的关注长久以来从未消减，从过去皇家庭院和庄园的修建中我们就能清晰地看见，人们对于人居环境的重视程度。随着时间的流逝和经济水平的提高，人们的物质水平较以前来看已经有了非常大的提升，由此，他们的精神要求在不断扩张，理想而舒适的人居环境也就越来越受到现代人的重视和关注，成了大众对居住环境的基本需求。

在 21 世纪，人们对于人居环境的关注点并不仅仅局限于自己家的室内装修，而是将视线放在了室外景观的设计上，开始思考怎样的户外环境设计才能够真正对自己的生活产生积极影响。从人居环境的规划领域来看，除了一些因个人需求或投资方需求而设计的居住环境外，在一般情况下，人居环境规划所主要涉及到的就是整体景观形象设计、日常户外场地设施的使用和环境绿化三方面内容。如果我们从居民的使用角度来看，室外的景观空间一定是公共的、便捷的活动使用场所，而这类场所的环境私密程度一般是既可以对外开放，又可以满足一些居民对于私密空间的要求。除此之外，为满足景观的功能性，居住区的空间设计要尤为关注场地活动设施和人的精神需求等方面的内容，以满足社区内居民的日常生活要求。

如果从景观的生态性方面来考虑，人居景观的设计规划就要从居住区的所在方位和朝向、建筑单体对于阳光的遮蔽性以及绿化景观对于阳光和阴影等影响诸方面来考虑，设计师可以规划出阳光区和阴影区以致将地面景观最大程度地利用起来，以发挥场地周边环境的有利因素，如借景和引水入园都是从生态性方面来进行景观设计的有利证据，创造出独具特殊的景观活动空间。在设计的过程中，设计师要尤其关注居民活动的动态性和静态性，以结合实际的场地现状，为其规划出合理的敞开或私密空间，同时也要利用好周边的景观条件，做好立体化空间的使用。

在当今的时代环境下，环境和气候条件恶化已成为当今状况下尤为要关注的一个问题，而植物就是保护环境强有力的一个武器。当今的景观设计领域，绿色的环境设计理念在设计师的心中已经生根发芽，这一设计理念和手法在人居环境的设计中我们也是可以常常看出的。在进行植物景观设计的过程中，我们可以遵循以下的一些设计理念和方法：将生态学理论作为景观设计的主要理论来源，遵循因地制宜的原则，在维护原有植物景观的基础上进行改造设计，如以进行树木、水体和土地等软质造景为主，以园林建筑或构筑物的建造和设计为辅，以充分发挥植物在景观设计中的主体性；除此之外，还可以将生物发展的多样性和植物造景的主题性作为植物景观的主要表现手法，但是在设计过程中也要注意硬质空间和软质空间的协调和结合。从使用功能的角度来看，景观绿化是可以分为公共景观绿化、防护景观绿化和形象景观绿化等几部分内容的。

（二）城市景观艺术设计与景观生态学研究

景观生态学是在 20 世纪 60 年代的欧洲形成的，它关注的是整体意义上的景观研究，强调生态系统之间的相互作用，空间异质性的维持与发展，大区域生物种群的保护与管理、环境资源的经营管理，以及人类对景观及其组分的影响。景观生态学的研究范畴是十分大的，所研究的不是单一的生态系统，而是景观空间中的多个生态系统之间的互相作用和动态变化等。如果我们从自然等级系统的角度出发，就可以将景观看作是比生态系统更高一级的存在，人们处在景观空间中也能获得极大的精神感染，这也就是我们所称的"景观效应"。而景观效应具体指的究竟是什么呢？景观效应的发生主体就集中在景观空间环境和作为审美主体的人之间，而景观效应所研究的就是二者之间的相互作用和相互转化关系。在景观效应理念中，景观空间环境和人之间的关系是十分重要的，目的是使杂乱无章的生活环境变得有条理。宜人的环境使人感觉舒适，能给人美好的精神享受。

（三）城市景观艺术设计与人类文明多元化

从本质上来看，人对景观环境的改造和设计原则就应当是建立在保护的基础上的。世界上的文化景观多种多样，这是因为不同国家和区域在历史上是有不同的地域和文化特征的。国家的宗教、民俗和文化等元素共同构成了它独特的传统文化景观，而设计师要做的就是在现有的文化环境中进行保护和创造，在保护中发展，以形成多元化的传统文化景观。因为时代总是在变化，社会和历史环境中的多种因素也是在不断更新和消亡的，为了人类能在瞬息万变的世界中长久地生存下去，我们就会对现有的环境进行改造和创新。而在景观设计中我们最需要注重的一点就是要兼顾创新和保护二者，不能顾此失彼，不论过于注重哪一方都是不合适的。

环境建构的主体是人，环境也正是通过人的一系列行为才能得到完善和发展的。人作为社会环境中的主体，也作为欣赏环境的主体，景物也是可以打动人的内在情感的。同时，对于景观设计师来说，他们的情绪、感情也可以通过设计得到释放和表达，使人在欣赏景观的同时产生情感的共鸣。

景观设计不仅仅是依据设计师的想法完成设计就行了，除此之外在进行设计前，还要充分调查场地的所在区位状况和使用对象的期望等，以此作为设计依据，并在景观空间中赋予一定的人文元素，将人的情感代入到景观环境中，使其在进行景观互动的过程中能够产生一定的认同感和亲切感，最终让使用者能够在精神上得到放松和愉悦。

景观设计可以将其理解为一种综合了建筑和植物等多种环境元素的室外空间的环境设计。而景观设计的标准也是随着人们思想观念和外在环境条件的变化而变化的，以此来适应人们的审美和精神需求，以及当今时代下的科学技术水平发展。与此同时，正是因为时代发展趋势的转变，也在一定程度上带动了景观理念和景观材料等领域的发展，最终推动景观设计领域的持续前进。

二、城市景观艺术设计的自然要素构成

（一）地形与地貌

自然界中的地形与地貌是景观规划和设计的必然依托和存在依据。自然景观主要就是由自然环境中的地理元素所构成的，如植被、水体和地形地貌等，而表现在外在形式上就是平原、丘陵、湖泊等地理表现环境。而我们可以将自然景观看作是自然地域的综合表现体，在其中有不同的地形地貌，不同的表现特征，所体现出的审美特征自然也是不同的，如雄伟、奇巧、秀丽等。

自然景观千姿百态，在景观设计中，设计师应视其具体位置和面积对设计规划作出相应调整。景观设计的地形考察要对其所处的地理位置、面积，所需用地的具体地形特点，地表起伏变化的状况，走向、坡度、裸露岩层的分布情况等进行全面的了解。在景观设计过程中，究竟该如何利用原有的地形因素，应该根据其所处的具体方位和面积大小等因素来决定。对于景观设计而言，地理位置是至关重要的，设计场地是位于南方还是北方，是位于城市的中心城区还是郊区，以及当地的地理和植被资源等因素都是在设计前要尤为关注的。场地的面积大小与景观设计的开展是有重大关系的，直接会影响到设计的规划布局。例如，针对大

场地而言，景观的设计通常会采用人工景观与自然景观相结合的设计形式，在场地中充分利用原有的植物和地形资源；对于小场地的设计而言，设计师则应当将设计重点放在空间规划上，通过空间层次的转变来实现丰富的视觉效果变化。

自然景观的基本构成元素就是地形地貌。我们可以将地貌的变化起伏理解为地形内外力运动的结果，最终形成了令人叹为观止的自然景观和意境。

地形的变化能够影响人的心情，山地眺望远方，开阔的视野能使人心情舒畅，漫步在平缓的林间小道会感觉悠闲，这都是大家平常容易感受到的生活体验。自然景观的地形可以大致分为以下三类，分别为平地、坡地和山地。平地所指的自然是地形变化较为平缓的自然地貌特征，整体视野较为宽阔，适合作为主要人群的集散或活动场地。坡地所指的就是具有一定坡度的地形特征，不仅可以丰富人视野的空间变化，还可以加速空气的流通，以增加光照时长，调节小气候，有利于场地内部积水等的排除。最后，山地所指的一般是坡度大于50°的地形，由于山地本身所具有的高度特征，形成的自然景观就具有较强的观赏性。自古以来，我国传统的景观设计就在地形等方面尤为注重，地表的起伏和走势是非常重要的，而这则是在一定程度上与中国的传统建筑文化对于风水的注重有一定的关系。因而，在古时候，古人就将山脉水系能纳阳御寒的环境称之为是"风水宝地"。

（二）自然生态环境

自然生态环境所指的就是由生物群落和非生物自然因素构成的，多种生态系统所构成的集合体，而自然生态环境本身还会长久地对未来几十年甚至是上百年的人类发展造成影响。其实，生态环境与自然环境二者从概念上来看是十分接近的，因而有人会将二者进行混用，但是严格来讲，二者并不是相同的含义。自然环境与生态环境相比它所囊括的范围是较少的，只要是包含有一定天然自然因素的集合体都可以称之为是自然环境，而只有是空间内具备一定生态关系的才能将其称之为生态环境。不同的自然环境中所包含的生物群落和非生物的自然因素自然是不同的，而其中的生物植被等自然就与其所在的自然环境保存着十分紧密的关系。自然环境中的生物主要可以分为植物和动物两部分。除了一些天气条件尤为恶劣的环境外，如沙漠和极地地区，可能是不存在生物的，地球陆地上的绝大部分空间内都是一定有生物存在的，而它们本身也是具有极强的观赏性，可以为景观设计提供宝贵的生态资源。水作为万物之源，是自然环境中最为活跃的一部分，它与植被和季节变化等是有着十分密切的关系的，它们的结合就构成了许多令人惊叹的自然景观。植被的生长与当地的土壤和气候条件是分不开的，而环境污染就会在很大程度上对植物的生长造成影响，甚至严重的情况是一片区域寸草不生。

（三）植被与气候

植被是指地球表面某一区域内所覆盖的植物群落的总体，从全球范围可将其分为海洋植被和陆地植被两大类。在海洋中，具备极强的生存优势的就是藻类植物，而海洋中植被的特征就是具有较低的生产能力。而在陆地上，占有绝对优势的就是种子植物。虽说如此，但由于陆地本身存在的多样化和动态化特征，就可将陆地上的植物划分为植被型、植物群系和群丛等多级分类系列，而划分的依据就是植被的现存数量、生活形态和生态特点，其中最为重要的便是优势种。从是否有人参与来看，还可以将植物类型划分成为自然植被和人工植被。其中，自然植被所指的就是长期以来在固定的地区内生长，并能长期发展下去的植物，可以将其分为原生植被、次生植被和潜在植被。而人工植被所指的就是经由人类参与的植被，如果园、农田和城市绿地中的一些观赏植物都可以将其认定为人工植被。但是，经由人类长期培养的植物类型和组织结构都较为单一，随后可根据植被所处的地理环境将其分为高山植被和温带植被等；如果按照植物的群落类型进行分类的话，就可以将其分为草原植被和森林植被等。在自然环境中，植被的生长与当地的气候、土壤和水体条件是有非常大的关系的。

其实，"气候"一词最初是源于古希腊，最早的含义就是"倾斜"，由此可以说明，当时的人认为气候的变化与太阳的倾斜角度是脱离不了联系的。而现在我们所说的"气候"，指的就是地球上某一时期的大气状态，是该区域天气变化的综合表现。由于太阳辐射本身在地球表面所存在的客观差异，就导致具有不同性质特征的地表环境对太阳辐射作最终呈现出的物理效果也是不同的，最终就使得气候的变化与该区域本身所处的经纬度和海拔有很大的关系。我们将气候总共分成了三种气候类型，首先是大气候，就是在全球的陆地或很大区域面积上的气候，如极地气候和地中海气候等；其次为中气候，所指的就是在相对较小的区域面积内所形成的气候，如城市气候和森林气候等；最后就是小气候，所指的也就自然是在更小区域面积内形成的气候。

（四）水与水环境

水环境所指的就是水进行形成、分布和转化等行为的空间，而这类行为主要就是围绕社会环境的主体——人类进行的，并且会对人类的日常活动和工作产生直接或间接的影响。水环境可以分为海洋环境、湖泊环境、河流环境等。水作为自然界中最活跃的元素，与地形地貌、植被和土壤等因素是始终联系在一起的，它们相互作用和影响，结合在一起就会形成千变万化的自然景观。我们可以将水景分为河流、湖泊、海洋、泉水、瀑布五大类型，在自然景观中，这也是比较容易见到的。水的形态变化多彩多姿，不同的水景形式会为我们带来不同的感官享受，所带来的也不仅仅是视觉上的冲击，在听觉和嗅觉等方面的改变也是多方面的。植被、水域、气候、气象可以直接影响或形成自然景观，如南方热带景观、北方冰雪景观和山地云雾景观等。有时自然界中的景观是可遇而不可求的，就像日出和海市蜃楼等自然景观并不是每天都会遇到的，这些自然奇观只有在特定的气候和环境条件下才会发生，这也是影响自然景观发生的相关变数条件。

总之，自然景观是天地自然之作，人为的破坏虽然不能轻易避免，但拥有良好的环境保护意识和行为是人类最起码的责任和义务。

三、城市景观艺术设计的人文要素构成

人文景观的形成与人类的参与是有十分紧密的联系的，是由人们在长期的生活过程中所形成的文化成果所组成的，是人类对于自身发展进行相对科学而艺术的概括过程，最后再通过一定的艺术表现手法将这些元素展现在后世人的面前。众所周知，人文景观就是历史的产物，具有一定的地域性、民族性和历史性等特征。而人文景观的主要内容就包括有古代的建筑、文化遗址和民风民俗景观等多种形式，这些历史就是以这样的形式伫立于后世之中，为后世人传递古时的文明，

并且这些构成形式之间也并不是孤立的，而是在一定的联系和作用中组成了我们最终所看到的人文景观体系。

（一）历史建筑景观构成

古代建筑作为人文景观中的一份子，在其中所占据的地位还是十分重要的。按材料来分，古代建筑主要包括土结构、木结构和砖石结构三种；按类型、性质、功能来分，有民居、桥梁、园林建筑、宗教建筑和文化遗址等。

古代建筑中的土结构是人类极早应用的建筑结构类型之一，原始时期的洞穴是当时的主要代表，现在中国西北黄土高原的窑洞也是典型的土结构建筑。土密洞虽然采光不太理想，但它既能够挡风避雨、冬暖夏凉，又能够利用土地资源，依山坡而筑，节约能源，具有生态学意义。因此，虽然历经几千年的时代变迁，窑洞依然是当地居民的住宅选择，古老的土窑洞已经成为黄土高坡的一种独特人文景观。此外，木结构是中国古代建筑景观的主要结构类型，木材是各种建筑的主要材料，历史久远。与木结构建筑相关的技术，在中国古代已经达到非常高超的程度。

事实上，最早出现的建筑类型就是民居，而它的形成过程与人类本身的生活习惯和当地的地理条件有非常大的关系。在我国，民居的种类多种多样，其中最为出名的就是北京四合院、黄土高原的窑洞和新疆的阿以旺式民居住宅等。除了传统的建筑形式外，桥梁也是属于建筑范畴的一类建筑形式，而它的诞生也是要追溯到数千年前的，发展到现在所形成的类型也是十分可观的。古代桥梁最初有索桥、踏步桥，后来又出现了浮桥、拱桥、虹桥等，其材质主要有木头和石头。

园林建筑景观是由自然环境和人工环境结合而成的，它表现在庭园、宅园以及树林等环境中。世界园林景观主要有中国式、西亚式和希腊式三种。中国式园林建筑历史悠久，以崇尚自然为本，形成山水园林；西亚式园林由猎苑发展成了游乐性的波斯国林，尤其重视对水的利用，布局多以水池为中心，最终形成伊斯兰式园林；希腊式园林通过学习波斯的西亚式造园法，发展成为山庄园林。

宗教建筑是举行宗教活动和宗教仪式的场所，宗教建筑和宗教活动组成了丰富多彩的人文景观。世界性的宗教主要有佛教、基督教、伊斯兰教等，不同的宗教信仰对宗教建筑会有不同的要求，也因为宗教发源地所处的自然地理环境、文化传统各异，各宗教建筑都有自己鲜明的特色。例如，佛教的寺院建筑，基督教的教堂以及伊斯兰教的清真寺，无论外观还是室内细节都是很不相同的。

文化遗址的范围宽泛，它是一定历史时期的人文景观，形象地反映了当时人们的生活情况和建筑样式，如著名的陕西半坡遗址。还有一些文化遗址是和古代城市景观相联系的，如唐长安城遗址、北京元大都遗址、古罗马庞贝城遗址等。文化遗址对于世界文明具有重大意义，因此，联合国教科文组织于 1972 年 11 月通过了《保护世界文化和自然遗产公约》，世界上的很多文化遗址都被列入其保护范畴。

各个民族由于生活方式和风俗的差异，形成了多样的人文景观。文化具有民族性、地域性和时代性特征，时代不同，景观的建筑形式、风格及其所包含的审美取向也会有差异。同一民族在不同时代所创造出的人文景观也不相同，因此，形成了丰富多彩的历史建筑景观。

（二）传统园林景观构成

传统园林作为一种建筑形式，是将自然环境与人工环境合二为一才完成的。园林发展有悠久的历史，长期的园林建造使人们积累了很多经验，不同的国家形成了各自不同的造园传统，包括园林建造法则以及一些美学理论。其实，景观的概念是直到近代以来才衍生出来的，而我们却还是将传统的园林景观看作早期的景观形态。

简而言之，在历史上最早有文字记载的园林就是囿和圃，也就是猎苑和菜园，而据说波斯园林就是由猎苑发展而来的。在早期园林的建造过程中，人们尚且缺乏建造工具和相关的园林造景理念和手法，因而世界上早期的园林也大多是十分简陋的，很少可以看到人工的痕迹，最主要的就是依靠当地现存的自然环境资源来进行修建。伴随着生产力的进步，人类改造自然的能力逐渐加强，再加上美学思想的发展，人们对园林的修造提出了越来越高的要求。经过了漫长的历史发展进程和人们的不断摸索后，园林的建造和设计才初具规模。当其发展到了现代，景观的概念已经覆盖到了整个园林空间，而园林所包含的范围也更加广泛，最终成为了一个跨历史、学科和地域的新概念。

传统园林和现代景观本身都是经由人工改造而形成的，而它们之间所存在的客观差异其实是由历史本身所赋予的。从概念上来讲，我国古代的传统园林一般是由皇室或富商所私有的，因而个人的趣味就在其中很好地展现出来了。但是，现代景观所处基本上都是都市，具有囊括范围广、投资力度大等特点，主要所面对的使用对象就是一定区域内的人民，是供公共进行使用的。随着现代科技的发展以及新材料、新技术在景观建筑、设施中的运用，景观形式的现代感是传统园林所没有的。而现代景观设计也会因为各种原因去借鉴传统园林的形式。

（三）城市景观设计构成

城市作为承载社会上人们的生活和工作的空间，不仅为其提供必要的交通和服务设施，也进行物资流通和信息传递等人与人之间必要的活动。城市以其独特的文化、经济和政治背景，在一定的空间范围内满足一定数量的人群的精神和物质需求，以供其在城市内生存和发展。而针对城市环境的建设不仅需要有一定的物质条件保障，还需要能够保证人类在情感和心理上能够得到平衡与满足。城市景观不仅仅具有功能性，其实也是人类在一定程度上精神和情感的反应，可以将其看作是精神的物化状态。因而，对于城市景观的研究如果仅仅考虑社会经济因素是远远不够的，除此之外，对于其功能性和艺术性的研究也是不能忽视的，其中所包含的就有历史与空间、文化和物质等多层次的内容。

设计师在进行城市景观设计的过程中，不论所针对的是广场还是商业街，抑或是对公园或居住区进行改造，永远要遵循的就是将城市的整体架构放在首位，在开始设计前要对场地所在周边环境和城市的历史发展方向等有较为透彻的理解，除此之外，还要对当地的人文和自然资源有充分的了解，以便在设计场地内加入历史文化元素，使人与城市环境建立起一种和谐的氛围。

城市景观设计所指的就是将城市本身作为一个整体的景观来看待，而不是将其割裂为多个地理区块来看待，尤其注重城市景观的整体性，这在城市规划中所占据的是相当重要的一部分。在进行城市规划时，不仅要为在城市中生活的人们提供良好的生活和工作空间，还要将城市特色的文化元素融入其中，使其成为别具风味的城市景观。在选择城市用地时，除了要根据城市的性质、规模进行景观设计，还要从城市景观要求出发，对用地的地形、地势、城市水系、名胜古迹、绿化树木、有保留价值的建筑，以及周围可以利用的自然景观资源进行调查，并考虑将其体现在城市的总体规划设计中。

四、城市景观艺术设计中的生态主义影响

（一）生态主义景观设计思潮

第二次世界大战后，西方国家工业的大发展一方面促进了经济的发展，另一方面使人类环境受到严重的污染与破坏。由此，一些极具社会责任感的设计师们就认识到了生态保护在设计中的含金量，从而走上了生态主义景观设计的探索之路。从 20 世纪 60 年代起，生态主义景观设计逐渐成为景观设计的主要思潮。

1. 生态主义景观概述

（1）生态主义的含义

生态主义所指的就是站在生态保护的立场上来重新认识"以人为本"，将其置身于更大的生态圈中，所研究的就是人类在自身的发展过程中有无做出有损生态自然的事情。生态主义的宗旨就是"互依、多元、共兴"，其中"互依"是前提，所强调的就是人类与生物圈的依赖关系，而"多元"所指的则是对于多元性的鼓励，并且形成了良性循环，但是并没有过分强调"人是万物之灵"的思维，最后的"共兴"所指的是人类只有与自然环境和谐相处，世界才不至于崩溃，人类才能长久存活下去，这也是互利共赢的一件事情。

（2）生态设计的概念

生态设计是建立一种人类与自然相互作用、相互协调的方式，最终的目的就是要解决目前世界上所存在的环境危机，以最终建立起一个人与自然和谐共处的人居环境为终点，是人们可以在这个环境空间内找到属于自己的居住空间，而这一空间必定是符合自然的发展规律的，最终建立一个在结构、功能等方面都无可挑剔的生态系统，并且通过生态设计的手法来减少人类对于自然环境的影响。我们可以将生态设计理解为一个对于自然环境的适应过程，而这一过程是需要权衡

设计本身对生态环境所带来的影响的,是需要十分谨慎的。

(3)生态主义景观的概念

生态主义景观的塑造过程是以可持续发展理念作为主体设计思想,同时以生态学原理来进行设计的景观生态主义。其中,生态景观设计与仅仅为满足视觉享受或功能需求的设计是不同的,而是整体将景观设计提升到保护城市生态的大环境下,可以将其理解为一种最大限度借助自然能量的简化设计。生态主义景观是一种基于自然环境自我更新的设计形式,最终所呈现出的设计成果也一定是具备可持续特征的。不仅如此,生态主义景观设计仅仅关注生态方面也是不行的,而是要从传统的园林景观中汲取美和文化意境,以此帮助景观设计在新时代下能够继续发展下去。

2.生态主义景观的发展历程

西方景观设计的生态学思想可以追溯到18世纪的英国自然风景园,其主要原则是"自然是最好的园林设计师"。18世纪初,工业文明的发展给西方带来了日益凸显的城市问题:植被减少、水土流失,大范围的自然生态失衡。一些景观设计师预见到这种情况继续发展下去必然会带来恶果,便开始不断探索如何通过景观设计的手段来改善人类的生存环境。这时,充满浪漫主义风情的英国自然风景园开始备受关注,人们开始由衷地欣赏起风景中充满浪漫情调的自然美。而景观设计之父——奥姆斯特德就是从生态学的角度来进行设计的,从此帮助设计师们打开了一扇新世纪的大门。奥姆斯特德所推崇的就是生态处理的景观设计手法,而自然风景式的园林被给予了极高的赞扬。在1857年曼哈顿城规划之处,他就曾与城市中心规划了一处长3219米、宽805米的城市绿地空间——中央公园;不仅如此,在1881年,他还对波士顿公园进行了系统设计,在城市的滨河两岸设计了带状的滨水绿色空间。这些极具发展眼光的构想帮助美国的城市生态系统进行了重塑,在一定程度上为城市的生态发展提供了极大的推动力。

(二)生态主义景观设计的类型

1.按性质进行划分

按照生态设计的性质进行划分,可以将生态主义景观设计分为以下三种类型:

（1）建设性生态设计

建设性生态设计所指的不是到了不得不进行改造的程度，而是基于发展性的眼光，以生态学理念为指导，由设计师主动去使用新型工程技术的手段来模仿自然环境中的生态系统，以此来营造出与当地生态环境最为相似的空间环境，由此最终所呈现出的效果就是既具有艺术美，由极具生态效应的景观，甚至有部分景观还兼具有教育功能。

（2）保护性生态设计

保护性生态设计的设计对象所处的环境一般都是十分优越的，而设计师所要做的就是按照生态学的相关原理去进行保护设计，最终的目的就是要保护设计对象免遭破坏。

（3）恢复性生态设计

恢复性生态设计一般所针对的设计对象都是受损严重或退化的景观，设计师通过一定的设计手段使其恢复原本的功能性。例如，针对工业废弃地的改造就是通过找寻场地内的有利用价值的工业景观或材料，运用一些修复和改造手法表现出其生态性和艺术性，以此来适应现代社会下人们对于景观的精神和物质层面的需求，将生态理念和艺术思想融入到园林景观之中，与此同时将原有的工业元素予以保留。总而言之，工业废弃地的改造所要针对的不仅仅是外貌，还要注意与人们现代生活的联系程度。

2.按原理进行划分

按照生态设计的原理进行划分，可以将生态主义景观设计分为以下四种类型。

（1）导向性的生态设计

导向性的生态设计手法最终对环境所产生的影响是最小的，其主要具有以下几点主要特征：首先是其所强调的就是降低设计本身对生态系统的影响程度，同时再利用一些手段以促进场地环境空间中的物质利用和能量循环，以此来维护场地内原有的生态平衡；其次是依照某种现实生活中并不存在的设计假说来开展设计活动；最后就是在特定的尺度上进行设计，但是这种设计手法不一定是按照生态原则来进行处理的，如太阳能技术的工程设计就是如此。

（2）基于生态因子的生态设计

基于生态因子的生态设计理念所强调的就是要在设计前充分调查场地的基址状况，要给予场地内自然与非自然因素充分的尊重，具体的设计方案也是要在对场地内生态因子经过系统分析后才能够进行的，这样的设计流程可以有效减少改造过程对于周边生态环境的破坏，以保护现存的生态系统。这一生态设计手法所认为的是，场地内的一切自然因素都是处于不断变化中的，只有深刻了解了其中的变化内涵和各元素之间的关系，才能合理地进行改造活动。著名的设计师麦克哈格曾经提出了一种"千层饼模型"，而其所主张的就是以因子分析的手法和地图叠加技术来进行生态主义方法的规划。在他眼中，只有在很好地了解土地的前提下，才能够更好地利用它。例如，在对美国西雅图油库公园进行设计的过程中，设计师就通过生物疗法对土壤表面的烃类物质进行净化，这样既改良了土壤，又在一定程度上减少了资金的投入。

（3）基于生态系统的生态设计

基于生态系统的生态设计所指的就是将景观看作是一个完整的生态系统，设计的过程就是按照生态学原理将生态结构进行重新完善的过程，从而使其发挥出一定的生态功能。这种设计手法所强调的就是景观本身的系统性，然后按照一定的系统设计原理来建立多层次的生态链或生态流，最终构成相对稳定的生态结构。在一个健康的生态系统中，必然会存在完整的食物链和食物网，其中的生物就是在自我完善和发展的过程中延续下去的。

（4）基于景观格局和生态过程的生态设计

基于景观格局和生态过程的生态设计手法就是以景观生态学为设计依据，十分看重景观设计成果的连续性和完整性的设计手法，在"板块——廊道——基质"的基本景观设计模式之下，通过物质流、信息流、能量流和价值流四种方式在地球表面进行传输，最终通过（非）生物因素与人类的相互作用最终构成全新的景观结构和景观功能。

第三节　城市景观艺术设计方法与应用

一、景观艺术设计的方法

景观艺术设计是一种创造性的活动，景观设计的形式和内容除了满足投资方和使用者的需求以外，主要取决于设计师的主观因素和客观存在的条件以及各限制要素。比如景观艺术设计所在地的地质、地貌、气象气候等自然条件；景观性质、内容的要求；当地所能提供的材料情况，如何做到就地取材等；不同地区的历史背景和文化传统、喜好等。这些因素都会影响景观的形式和特点。景观艺术设计不仅仅是针对室外环境进行空间改造的过程，我们要关注的不仅仅只有功能性，对于景观艺术设计而言，最终设计成果的艺术性也是尤为重要的，由此设计师不仅要关注使用对象的物质需求，还要了解到其深层次的精神需求。

在景观设计的过程中，最重要的就是要结合设计需求将各种问题进行统筹规划，以最终使其得到解决。众所周知，一个好景观设计作品不仅要功能完善，还有具备优秀的设计立意和设计构思，同样不能脱离设计成果的艺术性，最终以独特的艺术手法将其表现出来；同时在建造的过程中，设计师也要考虑到建造技术和材料的使用以及资金的利用。针对整体的景观布局而言，设计师在设计的过程中，要将最终的景观实质形态考虑进去，同时将景观设计中所涉及的各项因素都考虑充分，这样才能做好总体设计。景观设计应在空间尺度感、形体结构、色彩与周围关系方面都取得协调。

在进行景观设计的构思过程中，设计师不仅要考虑到最为基本的功能性、艺术性以及经济性等因素，还要将当地的特色文化和城市规划要求等也融合进设计之中，这样所最终呈现出来的景观效果就是既具新意，又具特色的景观设计艺术作品，而这也正是景观设计构思的灵魂所在。对于景观设计构思而言还有十分值得重视的一点就是意境的塑造，也就是构思过程中既要考虑到设计本身对于周边环境的影响，还要充分针对人们精神和物质需求构想出景观在社会环境中的特点及作用。我们在进行设计构思时所要遵循的原则就是因地制宜，将场地的地形变化和水系空间充分融入到设计之中，以期最终能够将现实环境中的特色和有利因素凸显出来。现代城市，居民生活在钢筋水泥的高楼大厦中，渴望更多地接触大自然，提倡环保，在城市景观设计中，更多利用自然环境因素是景观设计的一种趋势。

　　景观艺术本身是具备实用性和艺术性的双重特征的，而不同的景观艺术本身又是存在一定的差异性的，因而它们最终所表现出的双重作用就是呈现出一种不平衡的状态。对于实用性较为凸显的景观作品而言，它们首先体现的就是其功能性，转而将其艺术性放在较为滞后的位置上。相反，对于一些主题性较为明显的景观，如纪念性景观就是对其所最终呈现的艺术效果更为关注。由此看来，艺术设计本身所关注的不仅仅是表面的艺术性，其背后的意蕴其实是更为深刻的。景观其实是可以体现出城市在一定时代环境和历史变迁中的变化的。对于一个可以称之为是优秀的景观作品来说，合理的比例和尺度处理是必须的，除此之外还要具备一定的艺术特色和个性。针对一般情况而言，对于政治性较强的景观，设计成果要求极具庄严性；而对于休闲性的景观设计而言，对设计形式的要求就可以较为松散和自由一些。

　　设计师在真正开始建造前要严格遵循任务书，将施工中可能会出现的问题解决掉，提前拟定针对不同问题的解决方案，然后将其以图纸或文字的方式表述出来，以便后期施工人员遇到相关问题时有据可循，使得整个景观建造过程是在投资金额范围之内的，以达成各方的设计期望和要求。

　　景观设计与其他的工程设计其实也是具有一定的相似性的，其实从本质上来看就是对于施工尺寸和材料的安排。在设计工作开展前，就要对设计场地开展充分的调研和测量工作，以获取作为设计依据的地形和场地基址的相关材料，为设计师开展后续的设计工作奠定一定的基础。只有设计师所具有的材料足够丰富和全面，其在进行设计时才能将个人的创意发展到最大化，才能最终将其设计构思呈现在图纸上。综上所述，景观设计所包含的就是理性观点及直觉和感性观点两部分内容，而设计程序仅仅是设计师将设计工作系统化和程序化的一种手段，可以助其寻找到最佳的设计方案。

　　针对景观艺术设计的规律而言，整体的设计程序应当是从宏观到微观、从整体到局部、从大处到细节来完成的。我们可以将景观设计过程大体分为五个阶段：

与甲方和景观使用对象进行接触，通过调研收集景观设计资料；制作景观基本平面图；确定景观初步方案、初步设计；进行景观技术设计；制作景观设计施工图和详图。

进行景观设计的第一步就是与甲方和景观使用对象进行接触，这是十分重要的一步。首先，我们从投资方和使用者的角度出发可以更好地了解到多方的设计需求，以便后期安排相关的景观设计，在这一过程中，可以进行设计费用的估算和合约的签订，以防在设计后期发生误解而引发法律纠纷。在这个阶段中，设计师也要参与，协助相关工作的进行，以便设计书的最后确定，也可以在针对调研提出一些可行性建议。对于调研而言，主要包含的就是自然环境和人文环境两大部分，通过分析自然和人文条件，再加上使用者和投资方所提出的相关需求，最终综合确定出景观的设计形式和大体的处理方案，这一步可以为将来后续工作的开展节省许多工夫。

在开始正式的景观艺术设计前，要先将场地内外的自然环境等问题进行解决，如地形、气象、温度、风力、日照、风向、湿度和土壤等；还有场地所在区位的人文特征也要考虑在内，如都市、村庄、交通、教育、娱乐和风俗习惯等；环境条件的分析应该考虑基地的建筑造型、给排水、通风效果、空间距离、维护管理等因素。设计师在已经确定了景观的大概布局后，首先要将景观改造与城市规划的关系考虑清楚，如景观对城市文化、交通和周围环境等的关系等，尤其是针对景观所具备的功能和经济资金能否支持景观建设的完成等因素都要考虑在内。

在进行景观设计前，不论是针对大场地的设计还是小场地的设计改造，设计师们首先要明确的就是场地的现状情况，也就是说要对场地内外的高差、地形地势、植被原有覆盖情况、土壤等因素有所了解。除此之外，还要使用各种测量仪器对地形和各种地物间的距离进行精准测量，以确定在场地内部的准确位置，然后选用合适的比例尺将其缩放在图纸上，方便设计师进行手绘工作，使其为后续平面图、剖面图和施工图等各类图纸的完成和完善打下基础。景观基本平面图应包括地形图、植被、水景观、房屋和其他建筑物、地下喷水孔、室外水龙头、室外电路、空调设备、户外照明以及其他结构物（如墙、围篱、电力与电话的变压器、电线杆、地下管路、道路、车道、人行道、小路、台阶等）、基地附近的环境（例如与相邻街道的关系、附近的建筑物、电线杆、植栽等），要尽量考虑到任何会影响设计的因素。

景观基本平面图必须简洁明了，因为在程序的每个步骤都需要用到它或其复制品，基本平面图最好不要用太复杂、太细致的图例或笔触，但必须保持图面的完整性及各分图图面的连续性。有了详细的平面图会更方便于设计工作的进行。

在设计师对这些情况了解之后，就可以进入对景观设计初步方案的设计阶段。初步设计阶段是景观设计过程中的关键一步，也可以说是整个景观设计构思的基本成型阶段。在进行景观的初步设计时，设计师们不仅要考虑到景观的整体艺术性效果，还要将景观结构和景观处理技术等因素都要考虑在内。从结构方式的角度来看，景观的改造和建设应当以坚固耐用、施工周期短和经济等为原则。

针对景观技术设计，我们可以将其理解为景观初步设计的具体化阶段，也是将场地内设计建设所涉及到的技术进行完善和定案的过程。景观技术设计主要包括有对于景观各部分材料和建造技术及方法、各部分尺寸和结构构造等多方面的确定以及设计预算的编制等。

对于景观设计的施工图和各类详图就是要求将场地内各部分的设计意图通过图纸的方式展现出来，不仅是平面形状和所用材料，对其尺寸和做法也要有所简述，以此作为施工人员的施工依据。在景观设计中，我们对于图纸的绘制要求是，一定要清晰准确，表现全面。施工图和各类详图是对于整个设计意图的深化，也可以将其称为细部设计，它所解决的就是在构造、材料和艺术设计等方面的问题和具体做法，解决整体和细部的尺寸关系。

二、景观艺术设计的具体应用

（一）中国景观艺术设计

1. 北京大兴公园二期景观设计

北京大兴公园位于北京中心城区与大兴机场之间的地铁线上，在城市规划中被政府划分为一片中央绿地，该绿色空间总共长 800 米，经过设计改造，最终呈现出一个开敞与私密相结合的公园绿地（图 2-3-1）。北京大兴公园的地下空间是设有停车场的，因而将原本只存在于地上的游憩空间转变成为一个立体化的绿色交通枢纽。除此之外，该公园还连接了周边的商业区和公交枢纽等，使之可以为购物的人提供良好的游憩和休闲空间，是商业区与公园结合又一创新之作。

公园内部的景观节点众多，其中由硬质同心圆景观与软质禅意花园的组合可谓是一大创新，使游人在经过此处时在视觉上能够感受到非常大的冲击，同时也营造出了一种非常强大的中心感和为人们提供了集散空间。其中停车广场的设计也为进一步将禅意的理念和意境扩大化，孤植的造型油松、呈规则带状种植的大叶黄杨绿篱和放置在场地内的两块巨大怪石，它们从整体上看造就了不对称的优美景观。当游人的行走路径转向建筑时，就会看到一个巨大的风水球，而设计师对其所采用的是花岗岩处理，将其放置在水面之上，更添中国的风韵之美。

大兴公园的部分软质景观采用了微地形的处理手法，如通往建筑的小径选择设计在一座小山丘上，使穿行在其中的人能够感受到两侧的视觉冲击，针对山丘的横断面的处理手法就是将其做成拱形砖墙，一片鼠尾草花田将两侧的墙体统一了起来。在悬挑的建筑下，景观延伸至一个下沉庭院内，而此下沉庭院就好像是一个倒扣过来的山丘，与之前的景观形成了对比，在庭院内还有一棵蒙古栎孤植于此，十多个大理石方凳散落在建筑之下，以此来吸引游人前往此处。

除上文所述外，大兴公园中还有一个公园的活动焦点，就是由花岗岩作为主要铺装材料的下沉广场。在广场中央，有一个有镂空花纹的黑色漩涡状井盖，使之成为游人视线的焦点所在。夏天时，这一景观还会成为喷泉的泉眼，变成独具一格的水景景观。在铺装上，我们也能够看到设计师的别具匠心，黑白相间的花岗岩和大理石相间排列围合了整个下沉广场，在大理石上我们还能看到4种不同的纹样，它们分别代表的就是时间、空间、繁衍和混沌。设计师在设计中一区域时主要运用的是圆形平面语言，硬质广场将游人们的视线与前方的建筑体和转角处的圆形转角广场连接在一起，由27块巨石及其配对的小圆柏共同完成了这个圆形广场边界的塑造。而这些巨石所起到的不仅仅是汇集视线和装饰的作用，同时也可以作为挡车石存在，是具有一定实用性的。

图 2-3-1　北京大兴公园二期景观设计效果图

2. 南京汤山国家地质公园景观设计

在南京附近高低起伏的山峦中，蕴藏着丰富的地质沉积物，从地球的古生代到当代，这里都有重要的考古发现，如 1993 年发现的直立人化石——南京人。

南京汤山地质公园博物馆以其引人入胜的地质构造闻名于世。作为现有地形轮廓的延伸，由法国建筑实践工作室 Odile Decq 设计的汤山地质和人类学博物馆，已经建成在一个古老的采石场和公共领域中，并由 Hassell 设计无缝延伸到周围的公园。为了验证这一地区的历史重要性，Hassell 计划以"史前"的特色花园来纪念该地区与古生代的联系。古生代开始于五亿五千万年前寒武纪大爆发这一主要地质时期，它见证了地球上生命的多样化，并以二叠纪的灭绝作为结束。这些时期提供了一种分类，使设计者可以从中提取灵感。口述植物和石头的进化历程。哈塞尔的景观建筑负责人、首席执行宫安格斯·布鲁斯（Angus Bruce）、瑞奇·雷·里卡多（Ricky Ray Ricardo）和汉娜·沃特（Hannah Wolter）构想模拟出数亿年前的环境，创造出一种迷人的、身临其境的体验，使设计成为整个自然语言的一部分。该景观没有主导建筑，可以说是建筑与自然的完美结合。该博物馆基址位于南京市江宁区的汤山，其中公共占地面积有 0.15 平方千米，不仅是地质公园的入口门户，还是中国考古界中十分重要的一块挖掘场地（图 2-3-2）。针对这样一个具有历史纪念意义场馆的设计，不仅要求它要具备一定的商业特质，同时也要突出其文化和历史特征。针对博物馆的户外空间设计，设计师所采用的就是大规模绿地和现代化前庭的设计手法，使得其可以与周边环境很好地融合在一起。Hassell 的设计体现了其对该基地国际重要性的尊重。新博物馆的前庭和绿地穿插着对该地区主要考古学遗址，包括附近南京猿人洞穴的介绍，营造出一种探索与发现的体验，使人们可以穿过一系列主题景观。

通过多领域和多专业的研究和讨论，Hassell 团队最终制订出了一套合理的优化设计方案，在现有地形的基础上进行了优化，通过动态旅游路线的建立和空间的衔接，公园的整体性有所提升，同时还可以将公园的景观设施与场地周边的基础交通设施结合起来考虑，最终达到功能性和艺术性相统一的有机整体。除此之外，公园内部还设置有各类环保设施，将环保理念体现在了设计的方方面面，如其中的微生态系统就可以通过植物景观的塑造达到净化水体的作用，以此将可持续的发展理念凸显出来，这对于公园日后长久的运营是十分有帮助的。

图 2-3-2　南京汤山国家地质公园景观

（二）日本景观艺术设计

1. 日本银座东急广场景观设计

日本银座东急广场是座建筑面积约 50000 平方米的大型商业设施（图 2-3-3）。设计师在"光"的概念下，以日本传统文化为主题进行创作，将建筑物的外墙用玻璃组成，使得建筑内部的景观可以向外传达。同时也能使人从街道上感受到该景观的存在。

该建筑的墙壁使用了 50 多种绿植进行设计，设计师着眼于各种植物的颜色差异和季节变化，以整个墙壁的颜色为基础，演绎色彩的多样性和季节性。另外，该项目附近的大片绿地也可能会吸引蛱蝶类昆虫的造访，使银座对东京都的生物多样性做出贡献。

基里科休息室是一个位于建筑中层的公共空间，向上挑空 7 米。这里不仅可以开展丰富的商业活动，还是欣赏东京城市美景的绝佳场所，也可以俯视繁忙的数寄屋桥交叉路口。

在银座高密度且空间极为有限的条件下，这样一个开放挑高的空间为人们提供了聚集社交的机会。这种建筑和城市环境之间的密切联系增添了东京的吸引力，使得人们的活动不再局限于场地本身，而是将整个城市景观作为活动的背景。

该建筑的设计构想是在日本传统玻璃切割工艺"江户切子"的启发下得出的，基于"光之船"，将其最终打造成了"玻璃船"的样式。与此同时，为了增强建筑内部与城市的互动感，特地选用玻璃作为建筑外墙的主材料，对外可以看到建筑内部的实时动向，对内也赋予了其中人员一种城市参与感。不仅如此，当太阳光照射在建筑外表面上时也会根据时间、天气和外在环境展现出不同的光影效果，使得整艘"巨轮"融入居民的日常生活中，融入城市的景观中。

图 2-3-3　日本银座东急广场

2. 涉谷 MODI 景观设计

涉谷 MODL 景观设计项目（图 2-3-4）位于两条大街交错的涉谷街道，它是经济泡沫时期涉谷丸井的主要出口，一直是个奇异的存在。重建设计的要点有以下三个：首先，它位于神南区域的前端，设计师将其绿色容量重新构建，并使之作为环境建筑再生。在进行重建的过程中，设计师在有限的土地条件下，既考虑到了其作为商业建筑的属性，又创建了绿色多元的景观设施，使得街上的行人在不经意间产生了不依赖于空气的清凉感。其次，它很好地实现了商业建筑与绿色生态的融合。设计师通过对拱顶墙面的视野部分进行内嵌套，使人产生了看起来像是绿地的错觉和与实际街道一样的现实感和画面感。最后，按照步行的节奏，设计师在走廊中设计出了情景、绿色、广告交替出现的街景，将广场的功能最大化，实现了商业开发者所期望的初期绿化，使人们可以在广场上享受整齐的涉谷街道和满眼的绿色。

图 2-3-4　日本涉谷 MODI

第三章 城市道路绿化景观设计研究

对于道路绿化景观设计而言，最为重要的就是"以人为本"理念的展现，由此就要求设计师要在设计前充分了解使用者的功能和精神需求，即使人们在道路上停留的时间与建筑相比少之又少，但舒适优越的室外空间环境是人们首要选择定居和旅行的重要影响因素之一。本章主要讲述的就是城市道路绿化景观设计研究，总共从下面三部分来进行论述，分别为城市与道路绿化景观理论、城市道路绿化景观设计、国内外城市道路绿化景观研究。

第一节 城市与道路绿化景观理论

一、城市的基本概念

城市一般也被学者们称为"城市聚落"，是一种将农业人口和非农业人口都包含在内的居民聚集点。一般情况下，将那些人口密度较高的地区称之为城市，城市中包含有居民区、工业区和商业区等多个组成部分，除此之外还具有一定的交通和行政功能。从名称上可以看出，城市就是由"城"与"市"组合而来，其中"城"所暗含的就是城市本身的防卫的含义，是指用城墙所包围起来的一片区域。《管子·度地》说"内为之城，内为之阔"。"市"则是指进行交易的场所，"日中为市"。这两者都是城市最原始的形态，严格地说，都不是真正意义上的城市。如果我们将一定区域范围划定为城市，那么这个区域一定是具有质的规范性的。

城市的诞生并不是一蹴而就的，而是在漫长的过程经由历史和文化等因素的沉淀最终形成的，归根结底，就是随着人类文明的发展而产生的。就如十分有名的社会哲学家、城市规划理论家刘易斯·芒福德（Lewis Mumford）曾经认为的那样，在深入研究一座城市的诞生和发展历程之前，我们首先要做的就是弥补一些考古学家的不足之处，而他们之前所做的就是挖掘该城市最深层次的文化，从中去探索一些他们所认为的能够表明古代城市结构秩序的一些踪迹。其实，远在城市这一概念诞生前，在古代就已经产生了村庄、圣祠和村镇，甚至在村庄前也已经有了类似的贮物场、洞穴和石冢等，这显然就是古代先民所具有的共同倾向。而城市其实是随着人类文明的进步与发展不断走向成熟的产物。作为人类社会发展的产物，城市是突破了原始氏族的桎梏后，团结了广大社会力量，将权力和财富集中起来的一种社会形式。而从全世界的范围中来看，虽然各个城市的发展历程不同，但纵观历史，它们之间还是具有一定共通性的。

从城市的发展历程来看，每个城市要想形成并发展下去，是要具备一定经济条件的。

据考古资料记载，城市首先是出现在河流的流经区域，尤以四大流域更甚，它们分别是两河流域、尼罗河流域、印度河流域和黄河流域。而城市最早诞生于这些地方就是因为古代先民们大多是以农耕作为主要经济来源的，而上述的流域就是农业文明的诞生之地。在学界中，学者们普遍认为，城市与农村是相互对立的，城市最初就是由村庄"进化"而来，这样的说法就表明了城市文明与农业文明之间是存在着一定的共通点的。而其中城市产生的经济条件主要表现在以下几方面内容：

首先，该区域农业的发展程度对城市的产生与发展所带来的影响是十分巨大的。在远古时期，当时社会的生产力较低，而人们维持生存的活动主要就是狩猎、游牧或简单的收集等，当时的人们居无定所，故而想要产生城市是不可能的。因此，只有随着社会生产力的不断发展，人们有能力可以在一定区域范围内定居并且长期生活后，才具备产生城市的基本条件，这显然与早期的生活相比是更具有吸引力的。随着时代的发展，人们的生存受到季节和气候变化的影响也在逐渐降低。这是因为，发达的农业产业可以帮助人们获取更多的生存资源，也有越来越多的人们加入到从事农业生产的行列中来，正是基于这样的时代背景下，人类史上出现了第一次社会大分工，而这次分工最受到瞩目的成果就是产生了人类聚落，也就是这时的人类已经有了自己固定、长期的居住点。虽然聚落到了后期有发展成为城市的可能，这种可能性也并不是百分百的，但归根结底，聚落的出现还为城市的产生奠定了基础。

其次，社会分工和剩余产品的出现也为城市的产生和发展奠定了基础。剩余产品是只有当农业发展到一定水平后才会出现的，而它是后期手工业独立发展的前提条件，由此可知其在城市发展中所起到的重大作用。当剩余农产品开始出现并参与到了交换之中后，原来有从事手工业或工业的部分居民就会完全从农业中抽离出来，进而专门从事手工业和工业的相关工作，以维持自身的生存，这就是人类史上的第二次社会大分工，早期的城市雏形也是在这一阶段中产生的。当手工业从农业工作中脱离出来后，也就成为了一种特殊的经济部门，而从事手工业的人们就会用自己制作出来的产品去交换农产品、满足温饱，这时的人们也不再将眼光放在自己的生存上，而是为了发展，去寻找地理位置和交通运输都十分便利的地址去集中存放这些商品，这样早期的人类聚居点其实是在手工业者周围产生的，当这些聚居点组合起来就形成了早期的城市雏形。综上所述，劳动分工的出现加速了城市的产生和发展，而城市本身的发展也是在推动劳动分工不断向前。由此，这些情况都展现出了城市本身所具有的一个特性，就是它可以以专门而职业的方式来解决人们在日常生活中所遇到的一些问题和需求。

最后，商品交换的持续发展和集市的产生也是推动城市产生的一个有利因素。在人类社会发展的早期阶段，商品交换只在劳动者之间进行，由此交换活动的时间、空间和商品种类与数量都受到了极大的限制。因而，随着社会的持续发展，社会上所产生的剩余产品不断增多，于是出现了一类专门从事产品交换的人，也被称之为商人，于是一些集市也就应运而生，甚至到了后来还有商店的产生，这就从侧面导致了集市逐渐固定下来，不再是之前的临时性质，同时也具有一定的物质性特征，这就在一定程度上带动了城市的产生进程。随着商品和商业发展的持续扩大，商业也逐渐分离出来，成为了一个独立的经济部门，而城乡也随之开始分离，于是聚居人口数量较为集中的地域就成为城市。

（一）不同学科对城市概念的定义

1. 经济学定义

在经济学中，城市是具有一定面积和人口的区域，在这片区域中人们从事经济活动以维持自身的生存发展，甚至在一些私人企业和公共部门中还产生了初具规模的经济形式。因此经济学认为城市是在有限空间内的经济市场，包括住房、劳动力、土地和运输等，它们相互交织在一起，最终形式了我们所看到的城市形式。

2. 社会学定义

在社会学领域中，城市也被定义为具备一定特征和空间限制的社会组织形式。社会学领域人士普遍认为的一些城市特征如下：人口密集，数量众多；其中有部分人从事与农业相关的工作，甚至有一些人是相当专业的；具备一定的市场功能，其中有部分人具有制定规章制度的权力；在城市中，人与人之间是存在一定的相互作用关系的，而这些作用却不一定是在相识的人之间产生的。

3. 地理学定义

在地理学的相关概念中，城市所指的是在一定区域范围内，具有一定数量人口和房屋的物质集合体，并且它们所处的外在环境交通是十分便捷的。

4. 城市规划学定义

在城市规划学领域中，城市是一类聚集了农业人口与非农业人口的聚集点。在中国，城市是包含有按照国家法规所设立的镇等下属区划单位。

（二）城市的各项特征

1. 密集性

城市作为一定区域内众多生物和经济活动的集中地，显然是具有密集性特征的。城市的人口数量与乡村相比，差距巨大，城市甚至可能是乡村的十倍乃至数十倍之多，这个数据是十分骇人的。不仅如此，随着时代的进步，我国的科技和经济水平发展也在突飞猛进，因而导致越来越多的人口开始向城市聚集，而城市的密集性特征也会更加明显。

2. 高效性

在城市中，经济活动主要是集中在第二和第三产业，而这些活动大都是固定在一定的区域范围内，最终呈现出来的就是社会经济活动的高效性特征，并且这也在一定程度上受城市密集性的影响，这是由于城市人口的不断增加和用地面积的不断缩小，迫使城市经济活动持续快速、高效地发展。

3. 多元性

城市的多元性特征所指的就是城市活动和职能的多样性，不仅体现在数量和类型上，在功能上也是如此。城市的经济活动与乡村相比自然要丰富许多，这是必然的。但是，对于城市空间的改造和发展而言，仅仅注重其经济性和功能性是不能保证城市能够较长时间地发展下去的，因而城市文化品牌打造的重要性就在此时凸显出来了。例如，在进行城市规划时应发挥战略性眼光，在对纪念性建筑和一些极具历史文化内涵的建筑或空间的处理上，要从城市发展和交通、旅游等多方面来考虑，体现出其独特性，最终打造出一批文化特质明显，人文精神充沛的新型城市。

4. 动态性

城市作为复杂系统的集合体，是始终处于动态变化之中的，几乎是涵盖了社会经济、文化和生态等多个领域，因而城市的发展也是受到经济、文化、政治、自然等多方面影响的。城市在不停发展，中国城市化已经达到 40%，我国城市化平均水平以每年 10% 的速率增长，21 世纪以来，增长速度越来越快。很多大城市，实际上是在原来的中小城市的基础上发展而来的，原有的基础设施，也随着城市的扩张不断更新，从而导致城市的动态系统更加复杂。

5. 系统性

城市的系统性体现在其本身就是一个错综复杂、开放的大系统，而其中又包含有若干个小系统，由此其中一个系统发生变化势必会影响到其他系统发展的。城市系统中，应当协调各城市职能，完善城市基础设施，协调生活生态系统的关系，从而逐步完善城市系统，尤其在城市规划中，应注重城市系统性的特点，使规划符合城市的系统性，并逐步完善。

二、景观的基本概念

城市景观指的就是在城市范围内由视觉事物和时间所共同构成的视觉总体，我们也可以将城市景观看作是城市形象在景观环境中的一种映射，是人工环境和社会环境二者的结合体，当然除了自然景观外，不可缺少的还有人文景观。构成城市景观的基本要素有自然要素（植被、水体、山石等）、人工要素（建筑、景观小品等）和人文要素（风俗习惯等）三部分内容。构成城市景观的不仅是由建筑、风景园林和城市规划等部分来共同决定的，也是城市中的人们在长时间的社会生活中积累下来的。

城市景观是城市规划学和建筑学等学科的重点关注对象，它的基本概念就是在时代不断的变迁中发展和完善的。国内外对于景观这一概念的研究也在不断深入，但是不同的学科所观察的角度终究是不同的。下面就将从多方面、多学科、多角度来阐释景观的概念。

（一）景观概念的来源

针对"景观"一词，它最早就是出现在《圣经·旧约全书》之中，主要是用来描绘梭罗门皇城（耶路撒冷）的秀丽景色。在这时，"景观"的含义与"风景"和"景色"等词是大致相似的，景观最初概念的来源就是来自于视觉美学领域。

（二）地理学中景观的概念

在地理学领域中，地理学的奠基人亚历山大·冯·洪堡（Alexander von Humboldt）就将景观最初看作是某一区域内特征的总和，其中包含有地形地貌、植被和水体等自然要素，还有文化要素，而景观就是这些社会要素的综合体，基于此，洪堡就将"景观"这一概念引入地理学之中。对于地理学中的景观概念，它不仅强调的是地域的整体性还有综合性特征，甚至美国的地理学家 C.O. 索尔还将景观代替了区域和地区的概念。除此之外，还有苏联的贝尔格也提出了地理"景观"的概念，他认为地表是由具有多样特征的地域地段所组成的，而其中每个地域所包含的植被、水体和土壤等自然因素的组合都是存在一定规律的。虽说索尔和贝尔格都将景观看作在大区域划分下的小地域范围，而这些小地域都是具有相同或相似的特征的，但贝尔格不同的是他还将景观看作是一定区域范围内自然要素的集合。施吕特尔称一定区域范围内的自然和人文现象都可以被划进景观的范畴内，他所强调的还有其中的景观元素是可以被人感知到的，将人在景观中的作用研究得更加透彻了。

（三）生态学中景观的概念

德国的生物地理学家索罗尔（Troll）将景观看作是在人类生活范围内空间和视觉所能接触到的一切物质的总和，除此之外，他将陆圈、生物圈和理性圈也都囊括其中。随后，在深入研究了前人关于景观和景观生态学的观点后，正式提出了景观是生态系统载体的观点，他认为景观是控制系统通过一些管理活动将其中的部分或全部主要成分的主控权授予人类，使得人类可以运用自己的智力去改变它们。在美国景观生态学家威恩斯（Wiens）眼中，景观是在一定空间范围内，具有不同数量和质量特征的要素的镶嵌体。

邬建国曾在其所著的《景观生态学》中这样定义景观的概念，他认为景观之中的结构、功能等多种要素是呈现出一种相互作用和依赖的关系，这一理念无论是在哪一生态层次中都是成立的。

综上所述，学者们在景观生态学领域中对于景观概念的阐述多数都是将其置身于大背景之中，并且都尤为强调景观元素与周围事物的相互作用。

（四）园林风景学中景观的概念

在园林风景学领域中，赫尔（Hull）和雷维尔（Revell）二者将景观定义为视觉特质，除此之外他们还尤为强调人在景观中的作用，认为无论是自然的、还是人工的室外环境都是可被人类所参与和感知的。盖瑞特·埃克博（Garrett Eckbo）认为景观就在我们人类周围，只要是我们所走过的地方，就会形成视觉连续，而其中的这些事物都是我们能够看到和感觉到的，但是它还是会受到人类视觉或现实中各种阻碍物的限制。在陈有民看来，景观本身就是视觉对客观事物的一种反映，其并不是事物本身，而黄清平与王晓俊则认为景观是"视觉环境"或"（视觉）景观"。

由此可见，在园林风景学领域中，大多数学者所理解的景观含义就是最初从视觉、美学意义上来看的，但是随着时间发展对其的理解和思考会更加深刻。简而言之，他们所认为的景观是能被人类看到和感觉到的事物。

（五）感知层面景观的概念

如果从感知层面来看待景观的概念，著名的景观工程学家筱原修这样进行阐释，他认为景观就是被观赏物的群体概念，是人类通过观赏后随之产生一定情感和行为反应的现象。除此之外，还有景观哲学家角田幸彦也对景观的概念有所解释，他认为要想让人的心理和情感与景观客体发生交互作用，就要尤其注重场所与空间的塑造，因而他将景观定义为会给人情感反馈的文化环境形态。

环境艺术家吴家骅将景观认定为一个更为深层次和具体的美学概念，针对景观的意境不能将其简单地就看作观念和场景的综合，而是要深挖其背后的文学和情感意味；著名的建筑学家彭一刚先生认为景观本身应当是存在于观察者心中和眼中的，而非具体概念的物象。由此看来，感知层面对于景观概念的阐释主要就是集中在人们的心理和情感上，对人们的心中所想更为注重。

景观一词不论是在东方人还是在西方人眼中，它都是十分美丽而高贵的。由此，对于相同的景观设计方案而言，不同的人也可能会产生完全不同的理解。我们可以从对景观和人类关系的研究，以及景观设计本身的符号性、科学性和艺术性等层面来重新认识景观设计。

例如，我们以西子湾园林景观为例来进行阐述。首先，从景观的设计手法上来看，设计师将园区中的水体、道路、景观小品和硬质广场等元素与简约风格的建筑有机结合在一起，由此来丰富游人的视觉体验空间，满足他们的功能和精神需求，使得人们在游赏的同时也能够感受到不同园林空间的氛围营造。除此之外，还可以通过配置多层次的植物空间来丰富游人的多层次感受，使其真正成为一个可居、可游、可观的家园。

其次，从园林景观空间的塑造方面来看，设计师充分利用了地形变化来打造出具有不同视觉效果的空间氛围，其中对微地形的使用尤为钟爱。微地形是设计师划分景观空间的一种常用手法，通过丰富的空间变化和植物配置来丰富小区的景观，最终达到疏密有致的效果，这样既不会使人感到过于闭塞，也不会感到空间过于空旷。除此之外，我们在园林空间中还可以常常看到景墙和带状灌木丛，这些景观元素也是设计师在划分空间时常用的，但如果微地形可以达到相同的效果，我们会优先选用地形改造的方法，这是因为它的建造成本要远远低于景观小品和植物空间的配置成本。

最后，就是园林空间的水景营造。水景一直在景观设计中是十分重要的，正所谓"园无水而不活"，水作为园林景观的灵魂常常是整个设计中的点睛之笔。但是从目前的居住区设计现状来说，水景建设所要花费的成本往往是较高的，并且还会为居住区的物业管理带来很多的不便之处。由此，在居住区景观设计中，水景往往是集中在出入口处，在居住区的其他区域应当控制水景的规模和数量。

三、城市道路绿化景观设计标准与实际措施

随着人们对环境质量要求的日益提高，作为城市空间组成部分的道路，除满足交通功能，划分街坊、方便建筑布局，提供公用设施用地外，还应考虑城市道路景观的设计。

城市道路的景观设计，顾名思义，设计对象就是城市道路本身和其周围环境，不仅要考虑到城市道路的线形、坡度，还有周边建筑的位置、形式和周边绿化情况，最终使城市道路的最终景观效果能够和城市环境融为一体。

（一）坚持以人为本——以山东威海成大线为例

1. 以人为本的标准

成大线作为山东省威海市的交通主干道，不仅横穿了经济开发区和高新区，而且还贯穿了羊亭镇，是一条极具代表性的道路，因为它既具备城市快速路的相关特点，而且又穿行于人流密集处。据调查可知，成大线属于"双向四车道＋非机动车道＋人行道"的道路模式。

对于成大线的沿线道路景观设计，不仅要将小游园在道路两侧均匀布置，还要突出其景观和生态效益，其中植物的布置采用"四季常绿、三季有花、疏密相间、高低错落"的布置方法，以最终达到梳理交通视线和休闲娱乐的目的。对于

道路景观空间中的植物和设施配置而言，是要以充分提升对自然空间的需求为主要目标的，由此我们就可以明确道路绿化景观空间设计的原则就是以人为本。设计原则可以在以下几方面具体体现出来：第一，是最重要的，植物和景观设施的配置不会影响到司机或行人的视线；第二，道路绿化景观要注重色感的配置，可以使人在穿行的过程中能够感受到愉悦；第三，道路景观的设计要充分考虑到游人对于感官的需求，不仅是视觉，还要从听觉、触觉和嗅觉等多方面来进行景观空间的塑造；第四，道路绿化景观的设计还要充分考虑到汽车或火车噪音的干扰，为周围的居民创造一个安静舒适的居住环境。除此之外，还有十分值得设计师们关注的一点，就是要考虑到司机视觉疲劳的问题，可以在一定长度的道路绿化中设计一些新颖的植物因子，来增加司机的驾驶的新鲜感。

2. 针对人的设计手法

不管是在建筑空间或户外景观空间中，人在其中所起到的作用都是不容忽视的，因而人在道路景观中所起到的作用也是不容小觑的，作为景观的主要参与者和互动者，人与景观之间应是始终保持相互促进的关系，这样对双方而言才是有利的。我们在平常的生活中不难发现，道路景观的一点变化或一些小小的细节变化都会影响到我们一整天的心情和状态。由此可知，设计师在进行景观设计的过程中要将人的主体性考虑进去，对人进行景观互动时的状态和参与感进行充分调研，以此来达到人类对于道路景观的预期。我们可以通过一些小的景观元素对原有景观进行点缀，如景观石、地面铺装、景观座椅或景观灯等都能使原本黯淡的景观增光添彩，营造出和谐生动的氛围。从道路景观的功能方面来看，其要满足人对于景观的游憩、停留、交通、健身等功能的需求，使用者在冰冷的道路上就可以感受到自然温暖的气息，让人有一种亲切感，这也从侧面加深了人与道路之间的情感交流。

对于成大线的道路绿化景观设计而言，首先要考虑的就是道路的长度，根据国家规范来确定绿化标准段的长度，如成大线设计时速为 60 千米 / 小时，选用的标准段长度则为 80 米 / 小时。与此同时，可以采用丰富的植物配置形式来加强不同道路段的景观效果，以此来达到道路绿化景观设计的标准，同时也可以根据不同路段所处的空间性质，来确定不同的设计形式，以防止司机在长时间的驾驶过程中，产生视觉的疲劳感。对于植物的选用而言，设计师可以根据整个城市的总体规划和地域特征等影响因素来决定，通过对植物的组织形式和品种、色彩等方面的选择，来增添植物组团的变换形式，但是在这一方面的规划，不仅要考虑到景观的艺术性，还要将整个城市的未来道路规划融入其中。从植物绿化空间的选择和分布来说，我们经常采用的就是四级等差的方式，即以色带方式来展现地被模纹景观；以开花色叶树种来展现景观的季节性和变化性；以常绿乔木来展现道路景观的植物基调选择；以落叶乔木来展现道路景观的背景林。

（二）实现生态环境差异性

1. 生态环境差异性的标准

在进行道路景观植物设计时，设计师需要将道路本身所处地域气候特征和当地的乡土树种进行详细调查，这样最后的设计成果才能既体现出景观的设计性也体现出其本身的地域特征。与此同时，我们不能忽略的就是"因地制宜"的设计原则，将场地原有的植物种类和景观充分利用起来，这样不仅能够最大限度地维持景观的地域性和文化性，还能降低设计成本，可谓是一举两得。这样设计出的道路景观才能将城市最好的风貌展示在市民的眼中，才能将本土文化有效输出，同时突出生态化的设计理念，从节约和经济的角度来展现当地的自然环境。最终才能突出不同设计地块的道路景观的个性，在维持了生态系统稳定的同时，又能设计出别具一格的景观绿化空间。

2. 针对生态环境差异性的设计手法

其实，不论是道路景观的外表还是最终所呈现出的景观舒适性，都会对生态环境的差异性造成一定的影响，这是不可避免的。不同植物配置方式，就对应着不同的设计理念，自然就会对生态环境产生不同的绿化效果。虽说大多数景观对城市所带来的生态影响都是正面的，但是为了突出景观的异质性，我们可以在不同的系统中选择不同的景观设计方式和手段，如在特定的道路景观节点可以配置标志性的孤植树，这样做能增加道路景观的可识别性。成大线对于植物配置手法选用的是"重地被、弱中层、强上木"，这样的设计思路就将设计重点从平面转换到立面上，也就在道路景观中更能够体现出人的重要性，解决了人在景观空间和视野等方面的需求。

（三）确保空间上的整体性

1.设计整体性的标准

对于城市道路的整体性，主要有城市道路绿化与城市道路中其他因素的协调性，和同一条车道的道路绿化之间的持久性。要依据行驶车辆的行驶速度，进而思考行驶所需时间，及行驶中的空间变化，设计道路景观绿化既要层次分明，突出主题，又要强调整体性的和谐。而空间又有垂直空间和水平空间上设计的不同考虑因素，因此，空间上的整体性也是必不可少的影响因素。在成大线的绿化设计中，植物景观通过注重下层花灌木及地被植物的合理配置，削减中层灌木体量，强化上层混交乔木林态势的配置模式，形成了独特的绿地植物群落景观的空间艺术形式。利用简洁明快的乔木列阵和树种多变的乔木种类，与曲折变化的地被色带相衔接，形成一条条丰富而有韵律的林冠、林缘线，划分出变换多样的空间模式，起到美化和协调周边环境的作用，产生虚实结合的意境效果。

2.针对整体性的设计手法

道路景观绿化整体性的设计是设计标准的原则理念。道路绿化要和两侧建筑环境相协调。若街景中某些建筑立面景观良好，则需要规划透视线或植物框景手法以突出建筑主景。若街景中某处景观不佳，如道路附属设施的挡土墙、排水明沟、高架桥墩等，则需要植物绿化，如种植树木或攀缘植物以遮挡，一般可采用紧密的中高绿篱或树屏来达到美化目的。邻近道路的高层建筑物前应考虑种植高大的乔木群丛以形成过渡背景，并减少噪声污染。

城市道路景观绿化设计形式多种多样，而我们所需要的既可以符合大多数出行人的心理需求及城市风貌和生态环境的标准，还要考虑各种影响景观绿化的因素，从各个方面、学科等相互协调合作，因地制宜的设计原则，以人为本的设计理念，将环境污染程度、噪声影响都降到最低，使得城市道路景观绿化达到完美的状态。景观规划设计创造了生态自然、景观特色突出的道路园林绿化景观效果，形成道路景观特色，展现出城市优美宜人的一面。

第二节　城市道路绿化景观设计

一、城市道路绿化景观设计概述

道路绿化设计是城市园林设计中非常重要的一项。它除了可以有效地美化城市，还有防风防沙、净化空气等作用。我国的园林绿化力度现在变得越来越大，而且建设"国家级园林城市"已经变成了我国各个城市园林部门的工作重点，城市道路的绿化是我国城市形象工程中非常关键的一个部分。针对老旧道路的绿化进行改造，全面地进行城市道路绿化，这已经变成了大多数城市都必须要重视的一项工作。如何进行科学合理的规划设计，从而实现完善的城市景观规划，使城市道路绿化景观变得更加丰富，是相关部门和人员的一项重要任务。城市经济发展和城市道路绿化景观设计之间有着非常密切的联系，城市绿化规划与发展可以使城市的道路美观效果有效的提高，同时还能提升交通的通达度，使城市的整体环境得到改善。若是在城市的道路上配置不同的树木，比如灌木丛、混凝土浇筑的树木景观等，打造不同印象的道路交通感觉，还可以很好地丰富城市的面貌。

城市景观是在对土地的性质研究后对之做出的综合利用，例如城市中哪些区域可用于工业区建造，哪些区域可以作为公共绿地，而哪些区域应保持现状或者修整保护。城市的美观取决于合理的规划，公园、商圈、住宅等各自分配在合适的区域且比例适当，满足城市人群功能需求的同时兼顾美学原则。城市景观作为城市发展和建设中不可或缺的组成元素，有着至关重要的意义。上海世博会主题为"城市让生活更美好"，随着城市化进程的不断加快以及中国大中型城市日新月异的发展，以城市文化、生态文化、绿色环保为主题的城市景观设计面临新的挑战与机遇。城市景观反映了一个城市的性质与规模，城市景观规划的设计首先应当考虑这个城市的地域文化特色以及城市现有的规模与性质，景观的设置只有符合了当地文化以及城市的实际需求才能更好地反映城市的性质。

（一）城市景观的要素

城市景观是人们对于居住地的历史及现状的总体印象，不仅限于当前所看到的景象，更多的来源于城市的传统文化、历史文化背景，每个人在城市生活中建立的对于城市的局部印象拼凑成整个城市的文化。每条街道、每座建筑都有可能影响人们对于城市的印象，好的城市景观是一座城市历史发展的见证，国外的如大本钟、埃菲尔特塔、巴黎圣母院、悉尼歌剧院等，国内的如东方明珠、故宫、大雁塔等。城市是一个包含众多元素的综合体，当前学术界一般认为构成城市景观的要素大致分为道路、区域、边缘、中心点、标志五种。

1. 道路

城市的道路分布，其方向性、连续性构成了这座城市的血管，是一座城市血液健康的根本，不管是北京的胡同还是上海的弄堂，道路有着它们对于每个城市不同的意义。

道路两边的建筑以及空间特性也是道路的特点，它们可以让我们对道路的认知更加具体和立体。每个到过西安的人都会对西安的道路留下深刻的印象，西安的道路极具古典气息，九宫格局纵横交割，且老城区的路名也沿用了古代的命名，如"竹笆市""粉巷""骡马市"等。

2. 区域

随着城市的发展，城市已经由最初人类单纯的聚居地发展成为满足人们生产生活各种需求的载体。城市不断扩张和城市功能不断增多让每个城市都有了明确的分区，每个分区都有着与其他分区共同的特征和功能，同时又有着与其他分区明显不同的区别，如居住区、商业区、工业区、教育区、郊区等。区域特征是城市景观规划中需要考虑的一个重要因素，区域特征在西安市的城市景观规划中得以非常清晰地体现，城墙以内的区域基本体现了西安悠久的历史风貌，而高新区、曲江新区、浐灞生态区各自有着不同的城市景观特色。

3. 边缘

城市区域的划分并不像一个个的容器一样有着明显的界限，而城市景观规划中对于区域划分有着不同的处理方式，即称之为边缘。对于边缘的景观设计处理，大多以具体的建筑元素和自然形态区分，如绿化带、高层建筑、主干道等形式。如西安雁塔区跟碑林区的边缘处立着一座"金雁南飞"的雕塑，这座雕塑总高 18 米，底座 14 米，由 3 根雕刻有祥云图案的不锈钢柱组成，设计者采用这样的构图让人们在远处就可以清楚地看到这一景观，美化环境的同时兼具两区"界碑"的功能。

4. 中心点

每个城市都有引以为荣的市中心，而大多市中心也是这座城市的文化聚集地，有着诸多的地域城市文化因素，市中心点的景观规划往往是每个城市的景观规划设计的重中之重。立足城市文化，更好地传递和表达这座城市的特征是城市中心景观设计的基本要求。西安的钟鼓楼广场是古代长安城的中心，在古代它担任着城市"晨钟暮鼓"的重要功能，在如今的西安，钟鼓楼虽然早已失去了它的功能性，但是依然汇聚了西安的灵魂，俨然成了西安市的名片。

5. 标志

城市的标志物，又称城市地标，是一座城市令人产生深刻印象的景观元素，如自由女神、卢浮宫、东方明珠等。提起它们，直觉中就会显现出它们所在城市的印象，但并不是每个城市标志都是庞然大物，如同宽窄巷子、撒尿小童以及美人鱼雕塑一样，只需明确地传递每座城市的文化，就能成为这座城市的地标景观。

这五个要素是每个城市的框架，它们相互结合形成了人们对于这座城市的整体印象。我们在设计城市景观的时候，应该从城市的文化特征出发，以新的视角，更加鲜明的景观元素使人们对于这座城市有更加透彻的了解。在这五个元素中，城市标志物的表现形式大多以城市雕塑为载体，城市雕塑是城市景观构成的一个重要元素，在现代城市景观中屡见不鲜，城市雕塑装饰着城市环境的同时又展示出城市整体的文化特色。

（二）近代发展

在《美国城市文化》这本书中，作者列举了全球 16 个城市前后 50 年的环境数据变化，按照"城市适宜度"指标进行分类划分，得出 23 个评价项目，主要可归纳为三点。

（1）自然景观环境承载能力，即城市河流、湖泊、公园、植被等对城市环境的改造效率，能否形成舒适的气候条件，适应城市居民生活需求。

（2）城市基础设施齐全完备，即城市道路、城市广场、城市建筑群等对城市居民的适配率，城市基础设施是城市居民生活的基本需求。

（3）城市历史文化遗产及配套设施，即城市博物馆、城市图书馆、城市剧院、城市音乐厅、城市历史文化遗迹等，是否能够满足城市居民精神需求，包括各种类型的历史文化资源，是否可起到教育传承的作用。

以上三点是满足"城市适宜度"指标的主要标准，但受城市区位的影响，城市间的自然地理特征和人文风貌也就相应存在不同，以上三点标准也就不具备唯一性和确定性。城市主要功能是维持城市居民正常的生产生活，满足城市居民物质和精神双重需求。为实现功能建设，城市首先需要完善生态环境建设，在积极优化城市自然环境的基础上，努力提高人工绿化覆盖面积，然后在结合城市历史发展特色，探寻、打造城市历史文化遗产。从此角度讲，城市自然景观与历史文化是交融共生的。我国西安是一座有着悠久历史的古城区，文化遗产类型多样，各种历史文明习俗在此聚集交汇。此外，西安自然地理位置条件优越，自古就有"八水绕长安"的美称，并地处关中平原腹地。独特的地理位置和深厚的历史文化，为西安这座古城挖掘城市景观建设提供了重要支持。

城市景观设计是各种艺术交相融合的产物，它蕴涵着丰富的艺术表现形式。现代城市景观设计，积极汲取现代艺术的表现特征和创作手法，能够体现多元化的现代艺术元素。城市景观设计师在城市景观设计中居于主导地位，其设计思想或理念，能够直接影响城市景观的整体艺术效果。现当代艺术思潮为城市景观设计提供了指导，如早期的立体主义、构成主义及后来的波普主义等，这些创作理念和艺术表现形式，成为城市景观设计的新思路。现当代艺术元素能够在城市景观设计平面图中得到体现，20世纪初期，毕加索注重利用几何形体和空间视角叠加表现绘画内涵，这种创作理念后来被城市景观设计师所利用。美国景观设计师托马斯·丘奇制作的城市景观设计平面图，就是将立体主义、超现实主义形式语言融入设计元素中，这种平面设计风格简单明了，却也具备独特的艺术特征，城市景观设计与现代艺术思潮的融合度正在加深。

（三）城市雕塑在城市景观中的应用

城市景观往往反映了城市精神文明建设程度，城市雕塑作为城市景观的组成部分，同样能够影响城市文化发展水平。城市景观设计需考虑城市雕塑的艺术性特征，由于城市雕塑类型多样，应用场景千差万别，城市雕塑艺术表达形式更加多样化。一些西方城市景观就涵盖大量的城市雕塑，它被作为装饰城市的艺术品而存在。在城市发展进程中，城市雕塑与城市品质的联系越来越密切。城市雕塑按其空间分布主要有以下几种：

1. 装饰性雕塑。

它是构成城市雕塑的主体，属于城市人工建筑或自然景观的依附品。装饰性雕塑风格和题材类型多样，但主要以突出主体装饰特征为主，其外在造型和内部材质不受限制，拥有多种尺寸、颜色，与城市环境协调统一。

2. 纪念性雕塑。

它是反映城市名片的艺术品，多与城市历史人物或事件产生联系。纪念性雕塑往往能够体现城市景观设计的品味，通过艺术化的语言概括城市历史人物事迹，讲述城市在历史长河中的丰功伟绩。该类型雕塑在城市雕塑中具有重要的影响力。

3. 主题性雕塑。

它是体现城市发展基调的代表物，集中表现城市时代发展风貌，记录城市时代发展变迁。主题性雕塑具有深刻的时代价值蕴涵，较为生动地揭示了城市在历史长河中的发展轨迹，将城市独特的精神品味寄寓其中，成为城市文化的象征。

城市雕塑要体现城市景观设计的理念，就要满足城市环境建设总体需求，以立体化的语言展现城市文化品味。城市雕塑不能被视为城市建筑的装饰品，而应该作为集中反映城市精神文化内涵的艺术品。现代城市景观设计必须考虑城市雕塑的独特价值，围绕城市雕塑布局城市景观节点，将城市雕塑与城市环境融为一体。脱离城市雕塑布局城市景观，会降低城市精神文明涵养，在构筑新兴城市建筑景观过程中，要强化城市雕塑的艺术语言功能，打造城市雕塑与城市文化共生的发展路径，优化城市空间景观环境结构布局。集中建设城市雕塑群，使之成为城市的文化名片，从而更好地表现城市本身的历史文化特征与时代发展面貌。

二、道路绿化的景观设计定位及布置形式

（一）道路绿化的景观定位

1. 城市景观大道

城市道路绿化景观以园林绿地系统为主，在城市道路园林绿地两侧设置城市景观大道，要考虑行车时速，尽量保持在 60 千米 / 小时以下。除布置城市道路园林绿地系统外，还要搭建与城市道路景观相配的观赏性植物，如园林乔灌草木等，以此形成有机整体。

2. 城市快速路

城市快速路主要为道路出行提供便利，行车速度尽量保持在 80 千米 / 小时左右。在城市快速路两旁搭建城市道路绿化景观，首先需要考虑植物景观对行车路线的指示作用，强调植物景观的颜色搭配对比强烈。

3. 一般道路

一般道路主要指主干道中的分支道路，次干道车流量较低，在次干道两侧搭建道路绿化景观，主要考虑生态观赏效果。

（二）道路绿化的布置形式

1. 一板二带式

"一板二带式"道路绿化布置，多用在道路两侧人行道分隔线上。采用此种布置形式，既能有效美化道路两侧自然景观，又能节约城市景观经济投入，便于城市道路景观管理，但会影响机动车辆和非机动车辆通行。

2. 二板三带式

"二板三带式"道路绿化布置，即位于城市主干道中间的绿化带，用以分隔单向行驶的车道，两侧车道旁同样会种植绿化景观。该布置形式主要适用于城市道路主干系统中，如国道、高速公路等，绿化带面积一般较大，具有改善城市噪音、美化环境的作用。

3. 三板四带式

"三板四带式"道路绿化设置，以两条绿化带将通行道路分隔为三部分，即

一条机动车道和两条非机动车道，再加上道路两侧的绿化景观。该形式道路绿化景观覆盖面积较大，能为过往车辆提供遮荫，并且可以有效缓解通行拥堵问题，符合现代城市道路景观设计方向。

4.四板五带式

"四板五带式"道路绿化设置，以三条绿化带将通行道路分隔为五部分，较"三板四带式"更加具有使用优势，方便车辆通行。

5.其他形式

交通道路系统规划由地理位置和环境条件决定，要根据具体情况具体设置道路绿化带。

道路两侧植被景观主要有两种作用：遮荫和绿化。一般而言，选择在道路两侧种植的景观类型，以落叶树或常绿树为主，这是由于该类型树木具备较强的抗风雨冲刷击打能力，且能够形成多个分枝，利于园林工人及时修补。种植绿化树木可选择树池式、树带式或者其他形式，各绿化树木之间尽量保持1.5米的宽度间隔，形成层次秩序感。另外，根据城市道路面积，可选择种植多种绿化树木带。建设城市绿岛时，要提升城市绿岛边缘的利用效果，如栽植绿篱等，在城市绿岛内侧，可适当增加草坪的覆盖面积，提高绿岛内侧城市绿化度。形成园林式的城市道路绿化景观，既能有效改善城市环境质量，又能为城市增添意境美，展现城市道路绿化景观建设水平。

城市道路绿化景观设计是城市园林设计的主体组成部分，道路绿化可改善由交通出行产生的污染，包括空气污染、噪音污染等，进而达到美化城市的目的。当前，我国越来越重视对城市道路绿化景观的设计，并提出建设"国家级园林城市"的目标。开展城市形象工程建设，需考虑城市道路绿化景观设计原则，突出城市道路绿化景观与城市自然景观的整体协调性。解决道路老化问题，同样要考虑道路绿化建设，科学合理规划道路交通与绿化覆盖面积，针对旧有的道路绿化景观，要基于可持续利用的设计原则，将其改造成绿色协调的城市道路绿化景观。

城市经济发展水平是城市道路绿化景观设计能否高效进行的先决条件。用于市政景观建设的资金充足，则能保障城市绿化设计的顺利进行，美化城市道路绿化景观，整体改善城市自然与人工景观环境。基于城市道路景观设计，要考虑不同类型景观对道路交通系统的适应能力，尽量选择环境适应性强、管理耗费资源少的植被景观。

城市道路绿化景观设计作为城市绿化景观规划的一部分，要符合城市绿化景观规划目标，使城市道路绿化景观符合城市绿化景观设计风格，进而达到和谐统一的效果。根据已有的城市绿化景观规划方案，可对城市道路绿化景观设计方案进行拆分，按照"因地制宜"的设计原则，详细分析城市各道路系统的特征，有针对性地设计城市各道路绿化景观风格以及形式，满足城市居民对城市道路绿化景观的需求，解决由城市道路建设产生的一系列问题。在城市空间景观设计的整体要求下，城市道路绿化景观面积规划要具备科学性，合理分配城市道路绿化景观在城市空间景观中的面积比例。我国城市道路分支较多，在系统完善城市道路分支绿化景观设计时，需要考虑道路分支周边的街区环境，突出城市道路街区景观风格。

建筑风格与形式，同样能对城市道路绿化景观产生影响。在既有的城市建筑中，其规模大小与结构特征，会影响城市道路绿化景观的覆盖面积或比例。结合自然地理环境差异，我国北方地区建筑较注重室内阳光照射度，而南方地区建筑则更看重室内通风和隔热效果。此外，由于地势条件的影响，我国北方多数城市街区道路较宽且较直，而南方部分城市街区道路和建筑则比较密集狭窄。因此，建筑设计会影响道路绿化景观设计。

历史人文发展特征会影响城市建设风格与形式，从而影响城市道路绿化景观设计。城市道路景观能够体现一个城市的时代发展样貌，是城市历史饱经沧桑的见证。城市道路绿化景观设计，必须突出体现城市深厚的历史文化底蕴，协调与城市建设的关系。城市道路记录着城市历史文明的变迁，城市道路文化属于城市历史文化的重要组成部分，开展现代化的城市道路景观设计，应着重反映城市道路蕴涵的历史文化特征，将城市道路绿化景观与城市道路历史文化特征相融合，增添城市道路绿化景观艺术设计色彩，提升城市道路绿化景观设计艺术价值，做到在传承中创新发展。

除考虑城市人文历史底蕴外，城市道路绿化景观设计要突出生态保护原则，体现绿色、可持续的设计理念。城市区位发展差异影响城市道路布局规划，城市道路绿化景观设计首先要考虑城市区位发展带来的差异。在平原地区，城市道路平直宽阔，在设计城市道路绿化景观时，既要考虑城市道路对城市环境资源的承载力，又要考虑城市道路对城市生态环境的调节力，根据城市道路宽度，选择合适的城市道路绿化布置形式，适当增加城市道路绿化景观覆盖比例，这样可以有效提高城市道路出行的舒适度和绿化度。

城市规划与布局，要将城市植物景观融入城市风土人情中，保留优秀的城市风情面貌，塑造体现时代发展印记的城市文化内涵。城市道路绿化景观是城市规划与布局的一部分，城市道路绿化景观设计者可以充分挖掘城市道路变迁史，对城市道路历史文化加以继承和保护，让城市居民了解与认识城市道路蕴涵的历史文化资源。为有效拓宽城市道路的历史文化价值，城市道路绿化景观设计者就要塑造新的风格与形式，将与城市道路特征相符的绿化景观融入其中，充分显示城市道路具有的历史文化底蕴与自然生态风情。城市植被景观与城市道路建设融合的案例有很多，如日本大阪道路两侧的樱花树，不但突出反映了大阪城市的历史文化特征，而且还有效美化了大阪城市的生态环境。

城市道路主要功能是为城市居民提供出行服务，城市道路绿化景观设计同样要为城市居民提供美化服务。因此，在设计城市道路绿化景观过程中，必须时刻坚持"以人为本"原则，突出城市道路绿化景观的生态效益。在综合城市道路系统布局建设的基础上，按照"因地制宜"的原则，既要满足城市居民道路出行需求，又要符合区域环境保护理念，解决由道路建设产生的系列污染问题，依据城市主次干道宽度规划植物群落景观占比。

尽量增加城市道路绿化景观的类型，既要体现城市道路绿化景观设置的特色，又要符合城市道路绿化景观生态美化理念。城市主次干道分布走向及面积各有差异，考虑对城市道路竖向空间的有机分割，是完善城市道路绿化景观设计的有效策略。除道路两侧绿化景观要设置间隔比例，沿街种植的绿化景观更要体现层次化、类型化，适当增添沿街绿化景观种植类型，如将乔木、地被植物和灌木等有机组合在一起。

城市道路绿化景观设计还要兼顾交通规则要求，也就是说，城市道路绿化景观布置不能阻挡机动车行车视线，不能过多占用道路空间面积，避免造成城市主次干道交通拥挤，发生不必要的道路交通事故。解决城市道路绿化景观布置与交通出行的关系，具体可从城市道路系统走向和宽度等特征入手，如在城市街区纵横交错的十字路口地带，高峰时段的车流量和人流量通常较大，布置城市道路树木绿化景观时，就要避免出现树木分支覆盖遮蔽交通指示标志的情况。

城市道路绿化景观设计重点是绿化形式，设计者需考虑如何处理绿化形式与城市空间面积的协调关系。绿化形式主要包括绿化景观风格特色和绿化景观占地面积两点，由于不同街区干道绿化景观分布存在差异，设计者需要综合考虑绿带内管线的埋深和位置。此外，季节变化和交通条件会对城市道路绿化景观布置产生影响。哈尔滨市区道路绿化景观设计，为处理绿化形式与城市空间面积协调关系，采用分区规划的方案，针对道路两侧商业用地性质，在道路中间设置宽为12米的绿化带，绿化带内以低矮的剪型植物景观为主，而在道路两侧则是韵律感强的高大乔木组群。

设计者需要科学合理规划城市道路内部绿化景观，结合城市道路系统分布区域进行综合考虑。城市地理位置条件决定城市气候条件，而气候条件又会影响植物习性，为保证城市道路绿化景观的存活率，设计者需要确定绿化景观类型。土质同样会影响绿化景观存活率，城市道路两侧土质受人为因素影响污染较为严重，设计者可选择客土栽植以改良土质，坚持因地制宜建造绿化景观。为减少自然虫害或大风暴雨等对道路绿化景观的影响，设计者可选择具有抵御不良自然条件的植物绿化景观。有针对性的确定道路绿化景观，可有效发挥绿化景观的生态功能。在城市道路两侧尽量选择地被植物绿化景观，不仅可降低噪音污染、尾气污染程度，还可减少大风、扬尘等危害，同时也能有效提高城市道路绿化率。

综合而言，城市道路绿化景观设计要遵循因地制宜原则，科学合理选择适合维系城市生态环境的绿化物，展现城市独特的自然与人文特色，在提高城市绿化系统覆盖率的同时，增加城市的生态宜居性。

第三节　国内外城市道路绿化景观研究

一、国内城市道路绿化景观设计研究

城市道路系统属于城市空间系统的重要组成部分，城市道路面积约占城市空间环境面积的四分之一。城市道路系统由主干道及各条分支干道组成，城市道路是承载城市交通运转的枢纽，城市道路修建质量与城市道路两侧绿化景观布置，会影响城市居民对城市形象的评价。在城市道路两侧或中间地带设置绿化景观，不仅可有效改善生态环境系统，还能为城市发展带来生机，提高城市舒适度和宜居率。从城市公共空间属性分析，城市道路是城市居民日常出行的首要选择，城市道路及其附属的绿化景观，成为城市人文与自然精神要素的反映，城市道路绿化景观可被视为城市文化资源的一部分。无论是上海浦东的世纪大道，还是苏州观前步行街，都有其独特的城市道路绿化景观布局。对城市道路绿化景观设计者而言，既要追求城市道路绿化景观的生态效益，又要兼顾城市道路绿化景观的人文内涵，提高城市艺术品位。

现代化城市建设，离不开对城市道路系统的规划。作为承载城市交通运转的重要枢纽，完善城市道路基础设施建设，是城市道路建设规划部门的主要任务。如今，城市街区干道交错纵横，虽然能够满足城市居民道路出行的基本需求，但由道路出行产生的污染和危害却影响着城市居民的生活。因此，在城市道路两侧或中间地带必须设置绿化景观，降低城市交通噪音污染和光污染，使城市道路绿化景观更具人文性。

建设适宜城市居民基本物质与文明需求的道路绿化景观，可从城市园林系统规划入手。设计者可将城市园林系统与城市道路两侧建筑物结合起来考虑，为城市道路建筑增添园林艺术色彩。现代城市道路绿化景观设计，要体现生态人文特征，既要在城市各主干道交错地带设置绿化道桥，又要在城市道路两侧建筑设置园林绿化景观，完善城市道路绿化景观系统。

我国古人就对道路绿化建设工作较为重视，早期道路绿化景观以种植各类型树木植被为主，已初步形成道路绿化意识。秦朝，秦始皇下令要在出行道路两侧种植树木，地方官吏根据秦始皇的指令，在他主要巡行道路两旁通过垫道的方式种植树木。在秦朝大一统后，秦始皇将都城定在咸阳，为方便巡视出行，他下令以咸阳为出发点，分别设置通往燕、齐、吴、楚等地的道路。根据《汉书·贾山传》记载，各巡视道路两侧所种青松间隔三丈，道路景观尤为壮观。至汉朝时，长安城区街道两侧所种树木类型增加，以桐树、梓树和槐树最为广泛，每至夏季炎热时，街道两侧树木就会为行人提供庇荫之处。北魏时期，都城洛阳道路绿化景观主要是槐树和柳树，"洛阳佳丽所，大道满春光"就是形容洛阳街道绿化景观形成的美观效果。唐代时期，主城区道路两侧绿化景观以槐树为主，王维曾对此有过详细记载："俯十二兮通衢，绿槐参差兮车马。"北宋年间，都城东京（今开封一带）街道两侧种植树木尤为繁多，主要包括柳树、石榴树、樱桃树等。至元代时期，统治者更加重视对道路两侧绿化景观的建设，元世祖对道路两侧种植树木间隔距离提出明确要求，即每隔两步植树一棵。清代大臣左宗棠率兵收复新疆后，命令部下在水源较为充足的道路两侧栽种柳树。由此可见，我国古人对道路绿化景观的重视程度。

（一）道路绿化在现代化城市中的功能及在大园林中的作用

人类社会生产方式的进步，推动了城市文明进程的发展。随着社会生产力的提高，大量农村居民开始向城市转移。但在城市人口数量不断增减的情况下，城市环境污染问题成为困扰城市发展的一大难题。无论是水污染、噪音污染、空气污染、光污染，还是沙尘污染，都对城市居民日常生活带来一定影响。解决城市环境污染问题是我国城市建设的主要任务。提高城市居民环境保护意识是首要策略，宣传环境保护、提高居民环保意识是长期的过程。短期来看，城市建设者要从完善城市道路绿化景观系统入手，在城市各干道两侧种植各类型植被景观，如在车流量较大的主干道两侧种植大型树木，以隔绝噪音污染，吸收车辆产生的尾气；又如在车流量较小的分支干道两侧，可选择种植地被景观，一是可以带来防风固沙等生态效益，二是可以提高城市街区的生态美观效果。因此，完善城市道路绿化景观系统，对提高城市生态文明建设效益尤为重要。

道路属于城市意象的第一构成要素，凯文·林奇曾在《城市意象》中指出，城市意象应由道路、边沿、区域、结点和标志这五类要素组成，其中，道路在城市意象中具有关键性的主导作用，道路会与其他要素产生直接或间接的联系。道路系统在城市公共空间系统中居于主体地位，道路系统完善与否，直接影响城市交通运转效率，进而影响城市居民对城市形象的划分。《美国大城市的生与死》这本书就曾指出街区道路在城市居民脑海中的印象。道路系统可为城市居民出行提供便利，如果道路系统建设完善，城市居民出行效率就会提升，城市居民对城市整体印象就会更加美好。连接城市道路系统的，是城市道路绿化景观系统，城市道路与绿化景观共同作用于城市社会效益，在城市各道路两旁设置绿化景观，能够有效解决城市发展进程中面临的生态问题，推动城市经济、文化、生态效益的综合发展。

（二）道路景观的构成

1. 内在因素

主要指道路红线以内的东西，按其功能，大致可分为两类。

（1）实用性的

路栅、路障、路灯、路钟、坐椅、电话亭、邮筒、垃圾桶、公交站亭、地下道口、人行天桥等。

（2）审美性的

街道树、花坛、喷泉、雕塑等户外艺术品，地面艺术铺装等；视觉传达性的交通标志、路标、路牌、海报、地面标志等。

2. 外在因素

背景建筑是道路景观的载体，城市背景建筑中融入景观元素，可丰富城市道路建筑景观的自然人文气息。道路两侧的背景建筑构成形式、物质功能、视觉印象及承载职能有所差异，这些差异会共同影响城市道路的空间特点。背景建筑内在结构与外在形式，反映背景建筑设计内涵，具有一定的艺术人文特征。从背景建筑设计风格中，我们可以窥探城市整体性规划与布局方向，并衡量城市精神文化底蕴。城市道路两侧背景建筑元素具有可识别性和可意向性的特征，即根据背景建筑元素（如背景建筑高度、设计风格、色彩搭配等），确定城市道路建筑景观设计方案。

（三）地域文化

地域文化集中反映城市内在的文化底蕴或内涵。在全球化趋势日益加深的背景下，地域文化融合发展推动着城市文明的发展进程。但应该看到的是，在地域文化彼此交融共生的趋势下，城市本土文化逐渐面临生存困境，如何协调本土文化与外来文化的矛盾关系，成为城市地域文化景观建设的关键任务。建设现代化城市，需要考虑全球化带来的影响力，积极借鉴或汲取其他现代化城市的发展模式、经验，不能仅依附于本土经济文化发展特色。城市景观设计是助推城市发展效益的重要一环，将传统地域文化特色与现代化建设有机结合，应该成为城市景观设计人员考虑的主要问题，既要突出展现城市本土地域文化的魅力，又要强调现代城市多元发展的特征。打造千篇一律的城市文化气息，反而会影响城市固有的地域文化优势地位。因此，地域文化景观设计应强调传统与现代、本土与外来的有机融合。

1.地域文化概念

地域文化，具有明显的地域性特征，是由生活在特定地域中的人类群体积淀而成的文化总和。地域文化主要涵盖历史古迹、文化形态、生产方式和建筑风格等方面。不同区域的自然地理条件，造就了独特的地域文化发展特征。此外，人文地域环境、社会构成环境同样会对地域文化发展产生影响。社会构成环境和自然地理环境会影响人文地域环境，而人文地域环境又会改变自然地理环境，并影响社会构成环境。在自然地理环境、人文地域环境和社会构成环境的共同作用下，地域文化发展呈现独特的自然与人文特征。景观设计必须遵循保护自然地理环境的原则，城市道路绿化景观设计应该考虑当地形成的自然地理环境特征，不能破坏城市地域生态格局。在坚持生态效益为导向的基础上，城市道路绿化景观设计还要兼顾城市主体发展需求。在长期的历史发展进程中，城市积淀着深厚的历史文化底蕴，各种传统文化习俗得以流传推广，在设计城市道路绿化景观方案时，需要考虑城市居民对城市历史文化底蕴的需求。另外，城市道路绿化景观设计应贴合城市社会发展效益，形成可持续发展的社会环境。

2.地域文化对城市景观的影响

城市景观建筑记录着人类社会时代文明的变迁。正如法国作家雨果所说的那样，"人类没有任何一种重要的思想不被建筑艺术写在石头上，注入人类家园的每一条细流都不再是自然之物，它的每一滴水珠都折射着文明之光"。

人文景观建设与自然环境特征有着密切的联系，关于这一点，可从德国地理学家拉采尔提出的环境决定论、法国近代地理学家白兰士倡导的环境自然论中得出。自然环境特征为人类社会建设景观提供了法则，即人类必须在遵循保护自然环境的前提下，利用已有的自然环境特征创造新的人文景观。在地域自然地理条件与人文性差异影响下，地域景观设计会贴合地域发展特征，追求形式与风格的统一，这也就造成地域文化景观更加具有地域人文内涵。

在《遗产景观的奈斯托什宣言》这本著作中，作者认为文化景观的产生离不开人与自然的相互作用。像世界遗产文化景观的形成，多是由人类社会与自然世界彼此共融相生的结果，这些世界遗产文化景观具有典型的人文性与自然环境特征。在时代文明发展进程中，世界遗产文化景观受自然地理条件和人文因素的影响，逐渐具备较为深厚的人文底蕴。地域文化景观蕴涵人类社会在特定时代下形成的某种价值观念，随着人类观念的不断发展，地域文化景观在城市景观中的作用越来越明显。城市地域文化有其特定的地域分布特征，它逐渐成为能够代表城市形象的名片。设计城市地域文化景观，首先要分析地域文化特性，即研究现代城市发展过程中形成的独特地域文化现象，探究现代城市景观建设现状，按照因地制宜原则明确城市景观规划设计要求。其次要传承和创新地域文化景观特色，即在传承城市地域文化景观设计风格的基础上，遵循融合发展理念，创新城市地域文化景观设计路径，实现本土地域文化景观元素与其他地域文化景观元素的融合。

根据学界所持的地域文化景观论，地域环境能为人类社会提供生存与发展的空间，随着人类观念意识的进步，人类社会更加重视创造新的物质文明，以满足或适应人类生存发展的需要。由此可见，地域文化的生成是人类主观意识改造的结果，即特定地域的人根据主观意识塑造符合需求的文化景观，这种需求更多地表现在精神文明方面。地域文化景观具有特定的时代发展背景，但正是由于人类社会的存在，地域文化景观的风格与形式同样也在不断创新。可以说，地域文化景观承载着特定时期下人类所持有的文化意识观念。地域文化景观既可作为有形的物质空间载体，又可作为无形的精神符号载体。现代城市地域文化景观以特定的物质空间载体呈现，如城市背景建筑、城市道路、城市水体等，但对城市地域文化景观设计来说，应该强调将精神符号融入物质空间载体中。

改革开放后，我国城市景观建设开始向现代化阶段迈进，城市景观设计更加强调与世界潮流接轨。特别是在全球化趋势进一步加深的背景下，我国各大中型城市景观设计风格既突出本土气息，又不乏时尚元素。但由于城市建设步伐的加快，部分城市景观设计过于强调与世界接轨，忽略了本土化传承与创新，从而摒弃已有的传统城市景观元素，最终导致城市景观文化内涵缺失。应该明确的是，地域文化与城市景观应该融为一体，兼顾城市自然环境特征与人文发展底蕴。

（四）国内不同地域城市特征

我国地域辽阔，东西横跨经度、南北纵贯纬度各自呈现较大幅度变化。在自然地理位置的影响下，我国形成涵盖温带、亚热带、亚寒带和热带的气候地带，并且拥有包括平原、山地、丘陵、盆地、高原在内的地形地貌。根据地形地貌划分，我国城市类型主要可分为平原城市、海滨城市、高原山地城市。虽然我国地形地貌丰富、气候带类型多样，但我国各地域城市风格与形式却无明显差别，时尚化、现代化成为我国多个城市建设的主要依据，城市原有的地域特色被摒弃，城市地域景观设计仅追求与世界接轨。

1. 平原城市

平原城市主要分布在我国东部沿海地带。北方城市地域景观以哈尔滨最具特色，哈尔滨不仅拥有各式欧式风格建筑，同样也有传统中式古典建筑。哈尔滨有着独特的历史发展背景，自中东铁路开通后，一些东欧和中欧国家的人纷纷移居于此，东欧和中欧的文化习俗逐渐在当地流传。在哈尔滨欧式建筑中，既分布着东欧国家异域风情的古典纹饰建筑，如俄罗斯传统教堂，又留存着具有西欧国家风格的传统建筑，如铁路管理局、秋林公司等。在哈尔滨大街两侧，各种大型建筑交相辉映，精致典雅的木屋别墅穿梭其间，使哈尔滨城市景观兼具欧式风情与中式色彩。因此，哈尔滨这座城市又有"东方小巴黎"之称。南方城市地域景观具有代表性的则是南京，南京城建城历史悠久，有"六朝古都"的美誉，河流名山在这里交汇聚集，历史名人典故更是灿若繁星，南京城的景观独具历史文化底蕴。

2. 山城

"山城"重庆，拥有独具特色的城市地域景观。人们称重庆为"山城"的原因，自然是因为它地处四川盆地边缘区，周围被武陵山、巫山等山脉环绕，独特的自然地理条件孕育了源远流长的巴渝文化。重庆人民依山傍水，他们充分利用这里的地形地势条件，建造独具山城地域特色的城市街道建筑，城市建筑依山而建，充满层次感和立体感。吊脚楼是重庆地域景观建筑的代表，还有一些独具立体空间结构的建筑群落。应该说，重庆地域景观建筑是重庆人民智慧的结晶，独具山城特色的建筑群落反映了大自然与人类和谐共居的格局。

3. 滨海城市

我国东部、南部海域面积较为广阔，沿海而建的城市，如青岛、厦门等地。以南方滨海城市厦门为例，鼓浪屿建筑群是厦门城市地域建筑景观的代表，这里分布着中西合璧的"洋楼"风土建筑，还有以南普陀寺、万古莲寺等为代表的中式寺庙建筑。独特的地理位置条件造就了独特的城市地域建筑景观风格与形式。厦门作为我国南部滨海城市之一，其分布的城市建筑景观数量之多、类型之广，成为学界研究的重点。因此，在推进现代化城市建设阶段，我国需重点关注、保护独具特色的城市建筑景观。

地域文化景观设计既要保留本土城市景观特色，又要吸收其他城市景观元素，体现时代融合发展特征。另外，还要考虑地域自然地理环境对城市文化景观建设的影响。城市是人类社会文明发展的产物，城市积淀着深厚的历史文化底蕴，充满着强烈的时代人文气息，设计城市景观要彰显人的主体价值观念。人文特征与自然环境，是构成地域文化景观设计的关键要素。在现代城市景观建设进程中，地域文化特色最能表现城市具备的独特内涵，作为城市景观设计者，需要遵循人本理念和生态理念，从自然和人文角度出发，积极融合传统与现代景观元素、本土与外来景观元素，打造独具城市发展特色的地域文化景观。

二、国外城市道路绿化景观设计研究

根据史料文献记载，公元前 10 世纪建于喜马拉雅山麓的行道树，是世界上已知最古老的道路绿化景观，该行道树分布在连接印度加尔各答和阿富汗的干道中央与左右。公元前 5 世纪，古希腊斯巴达户外体育场两侧种植法国梧桐树，主要提供遮荫绿化的功能。文艺复兴后期至第一次工业革命前期，欧洲部分国家街道绿化获得较大发展，尤其以法国巴黎香榭丽舍大街最具代表，是近代园林大道的典型。随着欧洲国家资本主义浪潮的推进，部分欧洲城市生产力与生产方式获得长足进步，城市人口与规模逐渐扩大，城市化水平得到提高。为满足城市人口正常的交通出行需求，城市道路系统规划与建设开始推进，而与城市道路系统规划建设一同进行的，还包括城市道路绿化景观。在城市道路两旁种植行道树成为当时部分欧洲城市的选择。此外，在大洋洲地区，以澳大利亚首都堪培拉市种植道路绿化景观最具代表，该市区道路绿化景观面积约占城市总面积的 58%，道路两侧主要种植行道树，道路中央行车带设置十余米宽的绿化带。

城市公路景观涵盖人工与自然两类，城市公路线形及所属构造物，对城市公路景观规划布置起决定性作用。城市公路景观是城市道路绿化景观的组成部分，它同样能对地区生态环境产生影响。

公路景观空间分布受公路线形影响，呈带状空间特征。公路景观类型主要由地域自然环境和人文历史决定，从地域自然环境方面分析，由于季节性气候条件的变化，公路景观呈前后序列交错特征；从人文历史方面分析，城市长期积淀的历史文化底蕴，会影响公路景观的类型分布。

景观环境没有优劣好坏之分，这是由于不同地域的人类拥有不同的地域景观审美需求。公路景观环境具有典型的地域特征，处在不同地域环境中的居民，会按照其已有的观念意识、活动方式展开评价。如果按照评价主体来划分，旅游人群会根据个人的审美体验评价城市公路景观，而商业管理人群则会根据经济效益评价城市公路景观。因此，针对公路景观设计方案，需充分掌握各类评价主体需求。

公路景观兼具艺术性和实用性特征。一方面，公路景观是为满足沿线居民生活需要，解决途径车辆带来的污染问题，如噪音污染、空气污染等；另一方面，公路景观承载着社会经济效益，公路景观建设能够确保交通枢纽正常运转，在满足运输通行的同时，还能发挥社会文化效益，提升公路沿线地区的知名度。完善公路景观设计，要从公路景观使用者角度出发，也就是运输通行车辆司机。现代公路景观设计提倡人本化，就是为保障运输通行车辆司机的安全。随着运输通行需求和运输通行路程的不断扩大，公路线形和公路两侧环境，会在一定程度上影响司机视觉，设计现代公路景观，就要考虑公路景观与司机视觉间的关系。针对公路线形设计布置公路景观，需要确保连贯、均匀、协调和舒畅，也就是满足司机和乘客对公路景观的心理舒适度。部分发达国家对公路线形景观设计的研究较早，并且能够形成良好的视觉诱导性和艺术美观效果，如德国、日本等。

公路景观内部主体是沿线构造物，设计人员必须审慎考虑沿线构造物的景观设计。具体可从经济因素和技术因素两方面出发，同时兼顾沿线构造物对地域风土人情的影响，保证沿线构造物与地域背景建筑的协调，将其有机融入公路景观设计之中。

路面陡坡程度，会影响公路运输通行车辆司机视野。因此，设计公路景观时，必须考虑路面陡坡程度这一要素。路面是否平整同样会影响司机驾驶，而路面材料是决定路面质量的首要因素。公路景观设计者要考虑路面材料的耐磨性和施工性，并对其美观效果做出评价。公路景观路面材料以沥青、混凝土为主，但为减少黑色路面对司机驾驶产生的视觉影响，可以选择不同颜色的沥青，或者增添行车道、分隔带或修筑路缘等景观元素，彰显人本设计理念。

公路沿线构造物还包括各种附属设施，如收费站、服务区等。附属设施是构成公路景观的主体，主要设置在公路沿线交界地带，为过往运输通行车辆提供有效服务。公路景观设计要考虑附属设施的区位因素和类型数量，公路是交通路线主枢纽，随着公路车流量的增加，公路附属设施必须能有效满足过往运输通行车辆的需求。为体现公路景观设计人本化的服务理念，公路附属设施可将多种服务功能融为一体。

公路绿化景观设计要坚持生态效益为先的原则，科学合理规划公路两侧绿化带。在以绿化景观美化公路沿线生态环境的同时，要考虑公路绿化景观对车辆司机视觉效果的影响,长期驾驶车辆会增加司机的视觉疲劳程度,而在公路两侧设置各类型绿化景观,可帮助司机减轻由长期驾驶造成的视觉疲劳。另外,公路绿化景观还能够提供隔绝噪音污染、为车辆提供分隔带或遮荫的功能。对公路绿化景观设计者而言,如何平衡生态效益与人文需求,是其考虑的重点。

景观评价是找出景观被感受的美感,根据景观的视觉质量排定景观的等级、表达对景观的偏好,或评定不同规划方案产生改变所造成的影响。景观评价是景观美学研究的中心问题,也是指导景观资源管理、合理地进行风景区规划的基本依据。

随着旅游资源开发广度和深度的增加,对景观感知及景观评价的研究也逐渐受到了专业人士的重视,一些规划者及政府官员开始将对"无形的环境"的理解融入规划过程。于是景观规划师、地理学家、林学家、旅游专家以及心理学家等开始着手对景观评价、景观感知进行研究,并获得了许多概念性的方法,形成了一定的评价景观资源的程序。一般的,对景观进行评价通常从景观的独特性、多样性、功效性、宜人性及美学价值等方面着手,或是从景观的美学质量、未被破坏性、空间统一性、保护价值、社会认同等方面来考虑。

近些年来,人们开始重视对视觉景观评价方面的研究。视觉景观的评价对象主要有景观视觉环境阈值、景观视觉环境生态质量、景观视觉环境的景色质量和景观视觉环境敏感性等。目前对视觉景观评价有很多种分类,如根据评判者不同,将评价方法分为专家评价和公众评价;根据对风景质量计量方式不同,分为直观法、算术法和统计法。虽然世界上景观评价方法层出不穷,各具特色,但最具代表性的方法有两种类型,一种侧重于由个人或群体对景观质量进行主观的非量化评价;另一种方法是通过对景观的物理特性进行理性分析研究而得出的客观量化评价。若以学派来分,目前较为公认的有四大学派:专家学派,心理物理学派,认知学派(或称心理学派),经验学派(或称现象学派)。

专家学派指导思想是认为凡是符合形式美原则的景观都具有较高的风景质量。所以,景观评价工作以受过专业训练的观察者或者专家为主体,以艺术、设计、生态学以及资源管理为理论基础对景观进行评价。专家学派强调形体、线条、色彩和质地4个基本元素在决定风景质量时的重要性,以"丰富性""奇特性""统一性"等形式美原则作为风景质量评价的指标，也有的以生态学原则为评价依据。专家学派的景观评价方法最突出和优点在于它的实用性，长期以来，在土地利用规划、景观规划以及景观资源管理等领域都获得成功应用。但是，基于少数专家的观点，以形式美原则及有关生态学原则为依据的景观评价，在可靠性和有效性等方面存在一定的不足。

心理物理学派主要思想是把风景与风景审美的关系理解为刺激—反应的关系，将心理物理学的信号检测方法应用到景观评价，主张以群体的普遍审美趣味作为衡量景观质量的标准，通过测量公众对景观的审美态度，得到一个反映景观质量的量表，然后将这一量表同景观要素之间建立定量化的关系模型—景观质量评价模型。心理物理学方法是各种景观评价方法中最严格，可靠性最好的一种方法。有许多研究都证明了不同风景评价者及团体之间存在着高度的一致性，又由于该方法把审美态度测量同风景成分的定量分析结合起来，实现用数字模型来评价和预测风景质量，而且本身具有一整套的检验方法，使该风景评价方法具有很高的灵敏性，有效性和实用性也较高。由于心理物理学方法要求景观成分的严格定量，景观评价模型的应用范围受到限制，同时因强调公众的平均审美水平，而忽视了个性及文化、历史背景对景观审美过程的影响。

认知学派把景观作为人的生存空间、认知空间来评价，强调景观对人的认识及情感反映上的意义，试图用人的进化过程及功能需要去解释人对景观的审美过程。认知学派强调个人的主观感情、期望和理解，景观认知被定义为个人与环境之间的亲密体验与接触。该法探究人类由景观刺激而引发的知觉审美观念如何受人的态度和价值的影响。认知学派强调景观评价模型的普遍适用性，通过多观察者对每个被评价的景观产生一个或多个价值评价，具有相当的可靠性和灵敏性。但是，缺乏与客观环境的明确联系，使得该法的实用价值受到限制。

经验学派把景观作为人类文化不可分割的一部分，用历史的观点，以人及其活动为主体来分析景观的价值及其产生的背景，而对客观景观本身并不注重。经验学派的研究方法一般是通过考证文学艺术家关于景观审美的文学、艺术作品、名人的日记等来分析人与景观的相互作用及某种审美评判所产生的背景。

经验学派将人在景观评价中的主观作用提到绝对高度，把人对景观的评价看作人的个性及其文化、历史背景、志向与情趣的表现。同时，经验学派也通过心理测量、调查、访问等方式，记述现代人对具体景观的感受和评价，但其目的只是为了分析某种景观价值所产生的背景和环境。这种方法并不研究景观本身的优劣，因而不能算作对景观进行评价的方法。

（一）不同地域的城市景观简介

类似欧洲等发达国家已形成较为成熟的城市景观建设体系，并且城市景观蕴涵较为深厚的文化内涵。任何国家的城市景观规划，在初始阶段都会重点考虑城市景观的可持续利用程度，根据城市景观风格与形式确立保护与控制方案，这种做法可追溯至 20 世纪 60 年代。

在工业革命的影响下，英国城市化水平获得大幅度提高，城市景观规划与建设具有现代特征。位于英国首都伦敦的圣保罗大教堂，有"世界第三高教堂"的美誉，该教堂建立时间较为久远，早已成为伦敦市民的精神寄托。为保证伦敦市民能够在教堂眺望城市美景，20 世纪 30 年代，英国政府率先对圣保罗大教堂及周边建筑做出城市景观规划，并将制定的"城市战略性眺望景观规划"等方案纳入法律范畴。他们根据伦敦市民的需求重新测量规划教堂及周边建筑高度，据此提出划分类别，主要包括景观视廊、广角眺望周边景观协议区、背景协议区，这样就能有效发挥教堂作为城市景观的功能。

不同于英国城市发展历程，美国城市汇集了来自世界各地的移民人口，如纽约、洛杉矶、费城、芝加哥等。虽然美国城市形成时间较晚，但发展速度却快于多数欧洲国家城市。美国城市景观设计为现代城市景观建设提供了相对重要的概念指导，如拥有"全球著名影城"的好莱坞，该城市重在塑造以影视文化为主题的景观，通过积极建造"中国戏院""星光大道""日落台"等城市影视文化景观元素，好莱坞一举成为全球影视作品的诞生地。美国好莱坞城市景观设计收集了众多由公众提供的意见方案，包括社区居民、商人、地产从业者等，这些人员通过加入公民工作组来共同讨论城市景观规划细则。在好莱坞市民共同参与和建设城市景观设计方案的情况下，好莱坞逐渐形成了宽松、包容的影视文化氛围。同时，在好莱坞市政府提供的文化基金的扶持下，一批城市雕塑、城市绿化、城市广场等城市景观得到顺利建设。另外，市政府会对城市建筑艺术创造做出贡献的建设单位提供财政政策支持，以激发市民或单位的创造热情。

新加坡城市景观建设在亚洲国家中居于前列，曾获得"花园城市""金融中心"的美称。新加坡国土面积与人口比例存在一定的矛盾关系，城市人口密度相对较大，然而，由于城市规划体系得当，新加坡反而没有出现类似"人口拥堵""公共设施落后""城市环境杂乱"等现像。新加坡建国时间短，但其发展速度却远超亚洲多数国家，在短短 40 年间，该国已成为亚洲乃至世界著名的城市。为解决城市用地紧张的难题，新加坡积极完善城市规划体系，最大化地开发城市土地资源，在保证维护城市环境状况的前提下，采用"公园联道系统"打造城市绿化景观，满足现代化都市建设要求。直到现在，该国城市规划体系仍坚持以建造"花园城市"为目标。城市建筑蕴涵丰富的历史文化内涵，新加坡坚持对传统历史文化建筑古迹进行修缮，积极挖掘和传承本土文化历史，至今，该国已经形成牛车水、小印度和甘榜格南这三个历史建筑保护区。新加坡城市景观建设，成为众多亚洲邻国借鉴学习的内容。

（二）巴黎新旧城区城市景观

19 世纪中叶，当时的奥斯曼男爵下令对法国巴黎城区进行大规模性的建设改造，根据他所确立的大规模都市计划，位于城区街道两侧的石砌建筑必须体现新古典主义风格。另外，他还对圣日耳曼大道、塞瓦斯托波尔大道等进行规划。如今的巴黎城区面貌依旧能够体现奥斯曼男爵建设改造的特征。巴黎城市景观建设严格遵循宽度原则，即对城区林荫大道两侧内的宽度进行测量，同时确定外墙的位置，根据测量结果确定建筑物的修建高度，如要想确定巴黎城区内的大楼高度，必须参考道路宽度数据。巴黎城区规划者还对城区大楼建筑形式提出要求，既要体现韵律感，又要在二楼阳台和五楼区域布置装饰物。直到现在，巴黎城市景观规划者仍然严格遵循相应要求，尤其对城市建筑物高度建设提出了具体要求。在严格的规划建设条例下，巴黎城区建筑高度一般不会超过 37 米，其他城区的建筑高度甚至比巴黎城区建筑高度更低。而对于新城区建筑物建设，其高度则没有具体要求，如拉德芳斯区的 Tour AXA 摩天大楼高度为 255 米。

1. 巴黎老城区

针对巴黎老城城市景观，城市景观规划者通过一系列的城市建筑法规来限制其建设，如临街建筑外轮廓控制法规。欧洲城市建筑都拥有各自的建设风格，巴黎城区建筑自然也有其独特的风格特征，城市建筑风格集中代表了城市的整体审美水平。有着"时尚之都"之称的法国巴黎，其道路两侧的景观建筑具有精雕细琢的审美特征，独具传统与时尚的建筑形式与风格，为这座城市增添了艺术人文底蕴。法国政府更是注重对巴黎城区景观进行规划改造，管理者以立法的形式确定了包括对建筑沿街立面垂直段高度、坡屋顶层立面高度、建筑轮廓等的建设规定。在力求保持巴黎城区传统建筑风格形式的前提下，通过稍加调整城区建筑建造方案，以满足巴黎城区市民对建筑景观的审美需求。因此，保证建筑法规的确立与长久有效推广，是现代城市景观设计需要遵循的重要原则。

2. 巴黎新城区拉德芳斯

拉德芳斯区位于巴黎西部郊区地带，虽然它拥有较为悠久的历史，但由于地理位置和历史原因的限制，直到 20 世纪 80 年代才重新获得政府的支持。拉德芳斯区诞生历史可追溯至普法战争时期，当时法国军队在溃败后便逃离至巴黎西部郊区地带，并在此竖起具有纪念阵亡将士的雕像，并将此雕像命名为"拉德芳斯"。后来，"拉德芳斯"就成为巴黎西部郊区地带的名称。任何城区的发展都有其历史时代性，如果城区景观建筑仅停留在传统阶段，那么城区景观建筑就会失去传承的价值。巴黎城区历史发展悠久，随着巴黎城区市民时代观念意识的进步，他们对城区景观建筑提出新的要求。为适应现代化城市建设步伐、完善现代都市功能，法国前总统戴高乐决定将拉德芳斯区确立为巴黎新区。至 20 世纪 80 年代，在巴黎政府的推动下，拉德芳斯区终于确定新的城区建设方案，以丹麦建筑师施普雷克尔森提出的方案为依据，巴黎新区总体设计能够具备打造现代城市功能区的要求，并推动现代城市建筑景观建设的步伐。在巴黎拉德芳斯新区，设计师将拉德芳斯广场和新凯旋门建筑与巴黎主城区建筑相联系，古老的巴黎主城区建筑景观与现代的巴黎新城区建筑景观遥相呼应，实现了传统与现代的完美融合，既蕴涵古典圣日耳曼风格元素，又具有现代巴黎时尚设计元素。巴黎新城区建筑景观，符合现代城市景观设计理念，位于拉德芳斯的新凯旋门建筑，能将巴黎塞纳河畔的风光尽收眼底，满足城区市民俯瞰市区风景的审美需求。针对巴黎新区规划与建设，当地政府确立了较为详细的措施，一是通过限制新区中办公区和居民区的比例，以避免出现原有城区空心化的现象；二是通过限制新区建筑景观装饰，以避免影响原有城区居民的休闲娱乐方式或生活节奏；三是严格管控新区建筑性质转换，如将以办公性质的建筑转为以居住性质的建筑。在这种措施的要求下，巴黎拉德芳斯新区展现新的发展活力，成为现代城市景观设计的典范。

除了对拉德芳斯新区建筑景观设计外，巴黎政府还组织设计新区的交通景观。为完善新区居民生活出行方式，设计者采用立体化的交通设计方案，将高架交通、地面交通和地下交通融为一体，于是就形成机动车辆、非机动车辆与行人分开而行的局面，成为世界各国交通景观设计效仿的典范。另外，相对巴黎原有城区景观设计而言，拉德芳斯新区景观设计更加强调融合性，如针对新区建筑景观设计，设计者会强调将各种建筑景观元素融合在一起，突出建筑景观的古典主义风格和现代主义理念，既能为巴黎城区市民提供新的审美需求，又能最大化地完善新区空间景观具备的都市功能，符合城市现代化发展方向。

（三）巴黎新旧城区城市雕塑对比

1.巴黎老城区雕塑简介

巴黎老城区有着悠久的历史，是众多文艺思潮的起源地和聚集地，围绕罗浮宫点缀的雕塑，如同镶嵌在皇冠上的一颗颗宝石璀璨生辉。巴黎有大大小小 1500 多座雕塑现人文精神。在这些林林总总的雕塑中，几乎每一尊都或多或少地反映了法国的历史与传统。比如矗立在巴黎新桥桥头的法国国王亨利四世雕像，一方面表示此桥是在他执政期间修筑的，另一方面是为了纪念他执政期间所倡导的共和政体自由、平等、博爱的精神。20 世纪后巴黎的雕塑摆脱了单一的历史题材，更强调装饰性和反映平民的内心世界，最具代表性的是圣心大教堂附近作家马塞尔·埃梅故居墙壁上的雕塑。这座雕塑是埃梅逝世后，在众多读者呼吁下由政府负责构建的。雕塑取材于作者的一部小说，小说的主人公有穿墙的特异功能，雕塑将这一情节加工创作，在作者故居的墙面上展示了一个镶嵌在墙里的人物造型，缅怀作者的同时起到了很好的装饰作用。

法国政府对摆放于城市公共空间里的雕塑有着严格的要求，不限于美观、与环境和谐，更重要的是要有纪念意义并取得民众的认可。同时巴黎对城市雕塑的建设有着严格、规范的管理制度，在公共场所摆放的永久性雕塑必须经巴黎市艺术委员会批准。委员会由多位专家组成，负责文化事务的副市长任主席，方案经委员会的批准后还要经市议会审议通过。法国政府虽然鼓励艺术家创作，但绝不放任自流。在如此严格的规范之下，前后有数千座雕塑被拒之门外，其中大部分为抽象派作品，理由是这类作品很难体现纪念意义和服务大众的理念。

2. 拉德芳斯新区雕塑简介

巴黎是现代主义艺术的摇篮，但是古典的巴黎老城区室外并不适合呈现现代主义艺术。鉴于老城区城市风貌的协调统一，巴黎甚至通过立法禁止在巴黎老城的室外摆放现代抽象雕塑。而拉德芳斯顺其自然成了现代雕塑艺术盛开的舞台。诸多现代先锋艺术对展示空间的要求变得开放而多样，美术馆由于室内空间的限制制约了作品的展示。同时雕塑作品大多需要特殊的环境才能传达其意义，雕塑与景观建筑等的关系决定了它们需要依存于特定的建筑空间。环境对艺术的需求和艺术对环境的需求，恰好在拉德芳斯际遇。一些代表性的先锋派雕塑艺术家的作品成为拉德芳斯的永久陈列。这些雕塑分布在中心广场、小区内、树林中间，在中心广场的南侧还有一条雕塑走廊，集中展示了一些体量较小的雕塑。最为著名的作品有《与杏花游戏的情侣》《红色的蜘蛛》《光》《大拇指》《不朽的头颅》等。美国艺术家考尔德是新时代雕塑的代表他让线条在空间舞动起来。20 世纪 50 年代起他的作品开始竖立在世界各地，那些抽象的线、面、体、色彩明快，具有孩童般的想象力与创造性，充满对美好世界的憧憬。代表作《红色的蜘蛛》摆放于拉德芳斯广场之上那些永久摆放的雕塑已经成为拉德芳斯不可或缺的部分。这里的雕塑和陈列于艺术馆的作品不同，它们是可以接近、可以触摸的，人与雕塑的关系更加接近人可以进入雕塑占有的空间，这样雕塑对社会的介入直接而充分。

纵观国外著名城市景观的发展以及现状，我们不难发现，包括欧洲、新加坡等在内的城市景观之所以能有今天如此合理有序地发展，离不开公众参与。城市的建立是人类文明的集中体现，而城市发展同样是以人为因素主导，生活在这个城市的人们对于城市的发展有着举足轻重的作用，城市的发展目的就是改善人们生存的条件，离开在这个城市生活的人，空谈规划与发展毫无意义。只有了解公众的需求以及期望，结合当前的城市发展现状，在满足人们需求的同时兼顾大众审美，最终建成的城市景观才具有时代性和延续性。

城市发展非一朝一夕之功，也不是几个人或者几个部门就能改变的，城市发展以及城市景观建设需要各部门的协同合作，只有建立并完善城市景观管理体系才能有效地控制城市景观合理化发展。城市景观的根本原则是地域文化特性，城市建设需要充足的时间、空间以及与之相对应的经济发展水平，同一地区的城市景观发展需要确定长期的规划目标及规范。城市景观发展不宜盲目追求快、新、大、多，基于地域特征的前提下，首先应当注重城市发展的可持续性，加强城市建设各管理部门的协调配合，避免出现重复施工以及城市公共空间随意变更支配地现像。

经济迅速发展使城市化进程日益加快，一般情况下，城市硬件的发展远远高于人们的城市意识水平发展，有了地域文化支撑，有了恰当的艺术形式以及公众的认可，有了城市建设各个部分的统一协调，城市景观的雏形就能基本确立，后期只需按照流程就可以建造出独具特色的地域文化景观。城市景观建成后如何让它在城市中不断发展，这就需要提高公众的城市化意识，只有这样，城市景观建成以后才不至于遭到破坏。景观建成后需要人们的共同经营维护，好的城市景观是一座城市的名片，而全民意识的提高有利于改善这张名片，让它成为宣传一座城市的窗口，成为城市的代言。

第四章　城市公园景观设计研究

公园景观是指具有审美特征的自然和人工景色，是公园自然景观和公园文化景观的综合概念。公园景观集中体现了一个地方的自然与文明特征以及文化发展内涵，也是园林绿化的特色空间。良好的公园景观具有减轻污染、改善环境质量的环保作用，同时也满足了人们日常散步休闲、游戏、缓解压力的精神需求，其构成要素主要包括自然景观要素和文化景观要素。本章为城市公园景观设计研究，分别是城市公园景观概述、城市公园景观要素规划设计、城市公园绿地规划设计、城市公园景观设计价值认知。

第一节　城市公园景观概述

城市公园是在城市中向公众开放的，为公众提供游览、观赏、休憩、开展科学文化及锻炼身体等活动，有较完善的设施和良好的绿化环境的公共绿地。作为城市基础设施的绿地系统的重要组成部分，城市公园是表示城市整体环境水平和居民生活质量的重要指标之一。

纵观世界现代发展史，城市公园伴随着城市化进程而处于不断的演进中。从第一个城市公园——纽约中央公园的产生到现在，城市公园已发展成为一个庞大的家族，并在城市中担当着越来越重要的角色。最初的公园功能较为单一，主要为城市中的市民提供休闲、散步、赏景的公共场所，随着城市公园建设的不断发展，公园的功能具有了更多的内涵，增加了很多的活动内容。现代城市公园一般具有观赏游览、休闲运动、小憩休息、儿童游戏、文娱活动、科普教育等功能。

城市公园不仅为市民提供了一个开放型的公共空间，而且对改善城市区域性生态环境发挥着重要的作用。

一、城市公园的概念与发展状况

人们在不同时期对城市公园的定义有不同的侧重点，如强调公园美学意义的、强调公园游憩娱乐意义的、强调公园综合功能等意义的。无论是何种定义，从人类对城市和生活的角度来看，城市公园是指自然的或人工的开放性公共空间，是由不同地形地貌、植物、水体、道路、广场、建筑、构筑物及各种公共设施和景观小品组成的综合体。公园的概念不仅包括各种专题类公园和综合性公园、花园、自然森林公园，还包括城市郊区的休闲农庄、水上公园等。在城市建成区域范围内设置的公共性公园都归为城市公园。

城市公园是从西方工业革命以后，在欧美国家中产生并推广到全世界的。西方工业革命促进了生产力的极大提高，大量的人口涌入城市，人们的对应关系由扎根于土地田野的传统农业的雇佣关系转变为围绕着机器大生产的劳动雇佣关系，居住形式由具有田园风光的农业开敞空间进入到狭窄局促的城市空间。其结果导致了社会结构的颠覆性调整，造成城市环境的破坏和日趋恶化。人们迫切需要找回心目中的世外桃源——自然原野和田园牧歌。因此，城市公园帮助生活在城市中的人们实现这种夙愿。

17世纪中叶以后，英国、法国相继发生了资产阶级革命。在"自由、平等、博爱"的口号下，封建领主及皇室的财产被没收，大大小小的公园和私园划作公共使用，并统称为"公园"。1812年伦敦建成了以富裕市民为服务对象的摄政公园，1847年利物浦建成了以工人阶层为服务对象的伯金海德公园。这些公园是现代城市公园的萌芽。

现代城市公园运动的里程碑是建于1857年的纽约中央公园，这是第一个真正意义上有绿色休闲功能的城市开放空间，该公园建成后，带动了周围地段的投资。从此开始，美国掀起了"城市公园运动"，在旧金山、芝加哥等大城市兴建了许多大型的城市公园。当时，建造城市公园是为了保护好城市周边优美的自然景观，以提高土地的商业价值，为将来的城市发展留出足够的风景体系，为后人保留一些可持续发展的资源。

19世纪的欧美国家处于资本主义繁荣的成长初期，生产力得到大发展，财富迅速聚集，城市快速发展，为了保护城郊的自然风貌，避免由于城市开发建设的不当，造成环境的破坏，美国的许多城市相继制订了城市发展蓝图，其中一个重要的方面就是建立城市公园系统。美国的城市公园与城市的关系相比较而言，更侧重有机性与和谐性，更注重城市区域连续景观的美感。与早期的大型城市公园建设有所不同的是，美国的城市公园系统中补充了小公园的分布，城市公园系统更具科学性、系统性。

中国近代城市公园的发展是在西方造园思想指导下进行的园林创作。1840年鸦片战争后，帝国主义纷纷在我国开设了租界。殖民者为了满足自己的游憩活动需要，在租界建设了一批公园。1868年，上海公共租界建造了我国第一座城市公园"公花园"（现黄浦公园），但是在1928年7月1日才对华人开放。之后，上海"虹口公园"（现鲁迅公园）、法国公园（现复兴公园）、天津法国公园（现中心公园）等类似的租界公园陆续兴建。1914年，英国人兆丰在沪时建立的中山公园，原名"兆丰公园"，是当时上海最负盛名的公园。公园以英国式自然造园风格为主，融中国园林艺术之精华，中西合璧，风格独特，是上海原有景观风格保持最为完整的老公园，获得过"上海市四星级公园"的荣誉称号。中山公园占地面积约20万平方米，全园可分为大小不等的景点120余处。这些景点因景而异，各具特色，其中银门叠翠等12处景点评选为"中山公园十二景观"，都是公园内特色突出并具有代表性的园林景观。

1906年，在无锡、金匮两县，乡绅俞伸等建造了具有中国特色的城市公园"锡金公花园"。辛亥革命以后，我国相继兴建了一些城市公园，如广州的越秀公园、北京的中央公园（现中山公园）、南京的玄武湖公园、杭州的中山公园、汕头的中山公园、西安的革命公园等。这些公园有的是在原有风景区、古园林旧址上建造的，有的是在新址上参照欧洲公园特点建造的。直至1949年，我国初步具有了一批适合我国活动内容和中西风格混杂的公园。

第一个五年经济发展规划时期（1953—1957年），是中华人民共和国成立以后城市公园发展的第一个小高潮。伴随着全国各个城市结合旧城改造，各地大量新建城市公园，同时对原有的公园进行充实提高。20 世纪 60 年代至 80 年代，由于受到一些客观因素的影响，城市公园建设的速度有所放慢。这两个阶段兴建的城市公园，在规划设计手法上，主要是学习当时苏联建设公园的模式，强调公园的功能分区，注重群众性文化活动。这种公园设计模式极大地满足了当时人民的游览休闲以及对精神生活的需求。

改革开放以来，中国经济有了极大的发展，人们的生活形态向多元化发展，对生活品质和精神有了更高的要求，这些因素都推动了城市的更新与城市公园的建设发展。城市公园建设呈现出蓬勃发展的趋势，各种主题公园应运而生。

二、城市公园景观的功能作用

城市公园在城市空间景观上起着重要的作用。城市的更新改造、建设开发，使城市的原有景观遭到严重的破坏，而城市公园在合理规划的前提下，可以重新组织构建城市的景观，并成为文化、历史、休闲娱乐的表现要素，使城市重新焕发活力。北京借举办奥林匹克运动会之际，将奥林匹克体育场馆和奥林匹克森林公园选址规划在城市北面。通过这一人造环境的建设，使北京城北部的城市环境有了极大的改善，并使北京城又增添了一处重要的节点和标志性场所。

第二节　城市公园景观要素规划设计

一、城市公园建设的总体发展方向及设计目标

城市公园建设的发展方向和设计目标的确立，是其他一切具体工作的前提和基点。

（一）发展方向

对在城市发展中更新建设的城市公园来讲，除了要在体制、机制、观念上进行变革与创新外，挖掘、修复历史文化景点和自然资源也十分重要。悠久而深厚

的历史文化积淀是很多城市公园建设可依托的优势所在，只有同时拥有深厚的文化积淀和鲜明的主题特色，不断地推陈出新，向独具特色的、有一定文化内涵的城市公园方向发展，才能继续发挥其强大的生命力。城市公园的建设首先要把握城市的总体规划和公园基地的现状，因地制宜，并在此基础上重点挖掘城市自身的历史文化特色，凸显公园主题，在众多城市公园中独树一帜，只有这样才能成为市民向往的休闲场所。

（二）设计目标

在城市更新中，公园的建设要解放思想，辩证地解决建设中历史与现代、开发与保护、新与旧之间的一系列矛盾，力争做到"保古创新""古为今用"，最终达到旧貌变新颜的目标。要实现此目标需做到以下四点。

1. 时代性

公园的建设能够反映当今社会环境下的科技、文化特点，体现现代人的审美和心理需求。

2. 独特性

城市公园规划设计的目标不是盲目地"赶时髦"，而是通过独特的创意、新颖的技术，多元、多层次地反映城市公园在现代社会中的个性和特点。

3. 文脉性

城市公园的规划设计要充分发掘和表现与公园相关联的文化渊源、历史文脉、风土人情、民俗精华等人文资源，切忌盲目跟风。

4. 地域性

每个城市都有着各自的人文资源和自然风貌，城市公园特色的形成和公园内部的地形地貌、植被状况、水文特点有着密切的关系，充分利用这些自然资源不仅能保持城市的原有风貌，而且通过和其他构成要素的结合，可以强化公园的地域性特色。

二、城市公园自然景观要素

我国是一个山川秀丽、风景宜人的国家，丰富的自然景观资源早就闻名于世，由此也成就了我国公园自然景观的独特魅力，具体呈现为形态美、色彩美、听觉美、嗅觉美、动态美和象征美，主要包括植物动物景观、山水岩石景观、天文气象景观等。

（一）植物景观

公园植物景观是运用乔木、灌木、藤本及草本植物等题材，通过艺术手法，发挥植物的形体、线条、色彩等自然美来创造出的公园景观。园内植物种类繁多，大小和形态各异。有高达百米的巨大乔木，也有矮至几厘米的草坪及地被植物植株有直立的、丛状的，也有攀缘的和匍匐的；树形有丰满的圆球形、卵圆形和伞形，也有耸立笔直的圆锥形和尖塔形等。植物的叶、花、果更是色彩丰富，绚丽多姿。园林植物作为有生命的造景材料，在生长发育过程中呈现出鲜明的季节特色和由小到大的自然生长规律，丰富多彩的植物材料为营造公园景观提供了广阔的空间，乔木、灌木、草本植物等不同类型的园林植物材料合理配置构成了丰富多彩的公园植物景观，如北京紫竹院公园内的筠石园植物景观，借天然优势，各种植物空间高低错落，与水中荷景相互映衬，显示了植物色调和层次的丰富与美感。

园林植物种类繁多、姿态各异。按照习性和自然生长发育的整体形状，从使用上可分为乔木、灌木、藤本植物、花卉、草坪、地被植物和水生植物等。欣赏公园植物景观的过程是人们视觉、嗅觉、触觉听觉、味觉五大感官媒介审美感知并产生心理反应与情绪的过程。

1. 植物的分类

（1）乔木

乔木指树体高大的木本植物，通常高度在 5 米以上，具有树体高大、主干明显、分支点高、寿命较长等特点。依成熟期的高度，乔木可分为大乔木、中乔木和小乔木。大乔木高 20 米以上，如毛白杨、雪松中乔木 11～20 米，如合欢、玉兰小乔木高 5～10 米，如海棠花、紫丁香。

乔木是公园植物景观营造的骨干材料，形体高大，枝繁叶茂，绿量大，生长年限长，景观效果突出，在公园中具有举足轻重的地位，熟练掌握乔木的应用，能够营造出良好的植物景观。此外，乔木还有界定空间、提供绿荫、防止眩光等作用。多数乔木在色彩、线条、质地和树形方面随叶片的生长与凋落形成丰富的季节性变化，即使冬季落叶后也能展现出枝干的线条美。

乔木根据一年四季叶片是否完全脱落分为常绿乔木和落叶乔木。常绿乔木四季常青，落叶乔木则在冬季或旱季落叶，形成不同的景观变化。从叶片形态还可将乔木分为针叶树和阔叶树，针叶树为裸子植物，叶片细小，树体高耸；阔叶树多为双子叶植物，叶片较大，树形开阔，两种类型在形态、习性和应用效果上差异明显。

①针叶树：树种多为常绿树种，树体高大，树形独特，从植物分类角度上属于裸子植物，起源较早，具有良好的适应环境的能力。在公园中，针叶树可作为独赏树、庭荫树、行道树进行种植，亦可进行群植与片植，深受人们喜爱，是一类重要的园林树种。

针叶树叶片形态细如针或呈条形等，无托叶，多为常绿树，大多含树脂，红松、油松、云杉、冷杉等为常绿针叶树，叶片能生存多年而不落，落叶松、水杉等为落叶型针叶树，叶片在秋季变黄，是优美的秋色叶树种，冬季落叶后展示出优美的树姿。

②阔叶树：一般指具有扁平、较宽阔叶片，叶脉呈网状的多年生木本植物，一般叶面宽阔，叶形随树种不同而有多种形状，叶常绿或落叶。常绿阔叶树种有小叶榕、广玉兰、香樟、桂花、杜英等，落叶阔叶树种有垂柳、榆树、合欢、国槐、元宝枫、玉兰等。

阔叶树多为双子叶植物，种类丰富，形态多样，花、果、叶都具有不同色彩，而且同一种树，花、果、叶的色彩还会随着季相变化而出现有规律的变化，观赏价值很高。阔叶树种的形态美和色彩美在公园中的景观效果非常明显。

（2）灌木

灌木是指具有木质茎，在地表或近地面部分多分枝的落叶或常绿植物，一般树体高2米以上称为大灌木，1～2米为中灌木，高度不足1米为小灌木。灌木种类繁多，灌木的线条、色彩、质地、形状是主要的观赏特征，其重要的叶、花、果实和茎干可供全年观赏，是公园景观配置中不可缺少的元素，并能为整体环境提供一个季相丰富且持续存在的背景。此外，灌木还能提供亲近的空间，屏蔽不良景观，常作为乔木和草坪之间的过渡。

灌木按其叶片形态和生态习性分为常绿灌木和落叶灌木。

①常绿灌木：此类植物叶片常绿，通常革质光亮，植株开展，枝叶茂密，四季常青，多见于热带亚热带地区，可周年观赏，是非常优良的植物景观，如十大功劳、栀子花、八角金盘、夹竹桃等。北方常见的常绿灌木主要有小叶黄杨、雀舌黄杨等。

②落叶灌木：落叶灌木种类繁多，分布广泛，是公园中重要的植物景观。在北方地区，落叶灌木是公园造景中不可或缺的要素，常用的有金银木、接骨木、红瑞木、女贞、连翘等。南方常用的落叶灌木有金丝桃、毛杜鹃、紫薇等。

（3）藤本

藤本植物以其枝条细长、不能直立而区别于其他园林植物，具有非常明显的特色。它在群落配置中无特定层次，但可丰富景观层次。藤本植物可以配置在群落的最下层作为地被，也可配置在群落的最上部做垂直绿化。藤本植物可以通过其自身特有的结构沿其他植物无法攀附的垂直立面生长、延展，进行立体绿化，在公园中应用广泛。

大多数攀缘类藤本是常绿或落叶的木本植物。也有少数为多年生或一年生草本植物，可以快速伸展蔓延，通过覆盖、爬行、攀附其他植物及建筑物或横铺地面进行装饰，既可以形成环境的背景，亦可通过花、叶、形的变化来丰富整个景观的视觉效果。

根据枝条伸展方式与习性，藤本植物一般分为蔓生植物和攀缘植物两大类。

①蔓生植物：此类植物没有特殊的攀缘器官和自动缠绕攀缘能力，常通过一定的栽培配置方式发挥其茎细弱、蔓生的习性做垂直绿化造景。公园中常做悬垂布置、地被植物或灌木，如多花蔷薇、叶子花、云实、藤本月季等。

②攀缘植物：攀缘植物根据其藤蔓的攀缘方式不同分为缠绕类、卷须类和吸附类三类。缠绕类植物茎细长，主枝幼时螺旋状缠绕他物向上伸展，尽管没有向上攀附的结构，但通过幼嫩枝条的主动行为达到向固定方向的延伸。该类植物种类繁多，公园中常见的有铁线莲、金银花、紫藤、牵牛等。卷须类植物依靠其特

化的器官卷须，攀缘伸展，其延伸的主动性和范围都得到了一定提高。吸附类植物依靠特殊的吸附结构如吸盘或气生根附着或穿透物体表面而攀缘，吸盘吸附型如爬山虎，气生根吸附型如绿萝、龟背竹。此类植物体量较小，但很有特色。

（4）花卉

花卉是园林植物造景的基本素材之一，具有种类繁多、色彩丰富艳丽、生产周期短、布置方便、更换容易、花期易于控制等优点，因此，在公园中广泛应用，作观赏和重点装饰、色彩构图之用，在烘托气氛、基础装饰、分隔屏障、组织交通等方面有着独特的景观效果。

按照其生活类型及生活习性又可分为陆生花卉和水生花卉两种类型。

①陆生花卉是指在自然条件下，完成全部生长过程。陆生花卉依其生活史可分为三类，即一、二年生花卉、宿根花卉、球根花卉。

②水生花卉泛指生长于水中或沼泽地的观赏植物；与其他花卉明显不同的习性是对水分的要求和依赖远远大于其他各类，因此，也构成了其独特的习性。水生植物花朵娇艳，株姿优美，韵味别致，在溪流、湖泊、池塘、湿地造景中应用广泛，栽植有水生花卉的水体给人以明净、清澈、如诗如画的感受，是公园景观中不可缺少的一部分。水生花卉根据不同的形态和生态习性可分为挺水型花卉、浮叶型花卉、漂浮型花卉和沉水型花卉四类。

（5）草坪与地被植物

①草坪是指具有一定设计、建造结构和使用目的的人工建植的草本植物形成的坪状草地，具有美化和观赏效果或供休闲、娱乐和体育运动等用。

草坪草根据其生长习性可分为暖季型和冷季型两种类型。暖季型草坪草又称夏绿型草，其主要特点是早春返青后生长旺盛，进入晚秋遇霜则茎叶枯萎，冬季呈休眠状态，最适生长温度为26～32℃，这类草种在我国适合于黄河流域以南的华中、华南、华东、西南广大地区，常用的有狗牙根、地毯草、假俭草等。冷季型草坪草也称寒地型草，其主要特征是耐寒性强，冬季常绿或仅有短期休眠，不耐夏季炎热高湿，春、秋两季是最适宜的生长季节，适合我国北方地区栽培，尤其是夏季冷凉的地区，部分种类在南方也能栽培。

②地被植物是园林中用以覆盖地面的低矮植物。它把树木、花草、道路、建

筑、山石等各景观要素更好地联系和统一起来，使之构成有机整体，并对这些风景要素起衬托作用，从而形成层次丰富、高低错落、生机盎然的公园景观。

地被植物同样可以分为草本地被植物和木本地被植物。草本地被植物指草本植物中株形低矮、株丛密集自然、适应性强、可粗放管理的种类，以宿根草本为主，也包括部分球根和能自播繁衍的一、二年生花卉，其中有些蕨类植物也常用作耐阴地被，如玉簪、红花酢浆草、二月兰、半枝莲、铁线莲等；木本地被植物是符合木本地被植物标准，适于作为木本地被植物应用的主要有四类，即匍匐灌木类、低矮灌木类、地被竹类和木质藤本类。匍匐灌木有铺地柏、偃柏、砂地柏；低矮灌木指植株低矮、株丛密集的灌木，如八角金盘、红背桂；地被竹指株秆低矮、叶片密集的灌木竹，有爬地竹、阔叶箬竹木质藤本有小叶扶芳藤、薜荔、络石、中华常春藤等。

2.树木景观类型

（1）乔木景观

乔木在公园景观的应用方式多种多样，从郁郁葱葱的林海、优美的树丛，到千姿百态的孤植树，都能形成美丽的风景画面。

①孤植树：在一个较为开旷的空间，远离其他植物景观种植的一株乔木称为孤植树。孤植树也称孤景树、远景树、孤赏树或标本树，是公园局部构图的主要景观要素，四周空旷，有较适宜的观赏距离，一般在草坪上或水边等开阔地带的自然中心上。秋色金黄的鹅掌楸、无患子、银杏等，若孤植于大草坪上，秋季金黄色的树冠在蓝天和绿草的映衬下显得极为壮观。孤植树常用于庭院、草坪、假山、水面附近、桥头、园路尽头或转弯处等，广场和建筑旁边也常配置孤植树。

②对植树：将树形美观、体量相近的同一树种，以呼应之势种植在构图中轴线的两侧称为对植。对植强调对应的树木在体量、色彩、姿态等方面的一致性，只有这样，才能体现出庄严、肃穆的整齐美。对植多用于房屋和建筑前、广场入口、大门两侧、桥头两侧、石阶两侧等，起衬托主景的作用，或形成配景、夹景，以增强透视的纵深感，如北京植物园的木兰园中，玉兰的对植和松的对植，采取规则式的设计手法，布局整齐，于东西主轴线上以对植的手法分隔空间。此外，公园门口对植两棵体量相当的树木，可以对园门及其周围的景物起到很好的引导

作用；桥头两旁的对植则能增强桥梁构图上的稳定感。

③树丛：由2～3株至10～20株同种或异种的树木按照一定的构图方式组合在一起，使其林冠线彼此密接而形成具有一个整体的外轮廓线的树木景观称为树丛。树丛既可做主景，也可以做配景。做主景时四周要空旷，宜用针阔叶混植的树丛，有较为开阔的观赏空间和通道视线，栽植点位置较高，使树丛主景突出。树丛配置在空旷草坪上的视点中心上，具有极好的观赏效果在水边或湖中小岛上配置，可作为水景的焦点，能使水面和水体活泼而生动。公园进门后配置一片树丛，既可观赏，又有障景作用。上海延中绿地就普遍应用丛植的方式，在表现植物群体美的同时，兼顾其个体美，以高大乔木为主，并配植各种花灌木及四季常绿的草坪，形成高低错落、疏密有序、层次丰富的美丽景观。

④树群：树群指成片种植同种或多种树木景观，可以分为单纯树群和混交树群。单纯树群由一种树种构成。混交树群是树群的主要形式，从结构上可分为乔木层、亚乔木层，乔木层选用的树种树冠姿态要特别丰富，使整个树群的天际线富于变化，亚乔木层选用开花繁茂或叶色美丽的树种。树群所表现的主要为群体美，观赏功能与树丛相近，在大型公园中可作为主景，应该布置在有足够距离的开阔场地上，如靠近林缘的大草坪上、宽广的林中空地、水中的小岛上，宽广水面的水滨、小山的山坡、土丘上等，尤其配植于滨水效果更佳。群植是为了模拟自然界中的树群景观，根据环境和功能要求，可多达数十株，但应以一两种乔木树种为主体和基调树种，分布于树群各个部位，以取得和谐统一的整体效果。

⑤树林：树林是大面积、大规模的成带成林状的配置方式，形成林地和森林景观。树林一般以乔木为主，有林带、密林和疏林等形式。林带一般为狭长带状，多用于周边环境，如路边、河滨、广场周围等。密林一般用于大型公园，郁闭度常在0.7～1.0。密林又分单纯密林和混交密林。在艺术效果上各有特点，前者简洁壮阔，后者华丽多彩，两者相互衬托，特点更突出。疏林常用于大型公园的休息区，并与大片草坪相结合，形成疏林草地景观。常由单纯的乔木构成，一般不布置灌木和花卉，但需留出小片林间隙地，在景观上具有简洁、淳朴之美。疏林中的树种应具有较高的观赏价值，树冠开展，树荫疏朗，生长强健，花和叶的色彩丰富，树枝线条曲折多变，树干美观，常绿树与落叶树要搭配合适，一般以落

叶树为多。疏林中的树木种植要三五成群，疏密相间，有断有续，错落有致，以使构图生动活泼。

（2）灌木景观

公园中灌木品种丰富，由于其体型低矮，植株密实，因此，常做绿篱和基础绿化，且效果较好。同时与草本花卉搭配还能进一步丰富环境的景观层次感。还有不少灌木种类和品种繁多，可以利用植物的多样性建立专类园，充分展示灌木的美。

①绿篱：很多灌木种类具有萌芽力强、发枝力强耐修剪等特性，非常适合做绿篱，按其观赏特性可分为绿篱、彩叶篱、花篱、果篱、枝篱、刺篱等。绿篱常见的种类有小叶黄杨、大叶黄杨等；彩叶篱如紫叶矮樱、紫叶小檗、金叶女贞等；花篱有扶桑、栀子花、六月雪等灌木；果篱如火棘等，均具有非常高的观赏价值。

②基础绿化：低矮的灌木可以用于建筑物的四周、园林小品和雕塑基部作为基础种植，既可以遮挡建筑物墙基生硬的建筑材料，又能对建筑和小品雕塑起到装饰和点缀作用。此外，小叶黄杨、大叶黄杨、小叶女贞等枝叶细腻、绿色期长，通过修剪能控制植株高度，起到很好的保护和装饰作用。

③点缀花境、花坛或花带：灌木以其丰富多彩的花、叶、果、茎干等观赏特点，以及随季节变化的规律，布置在花境、花带、花坛中，能丰富景观层次，成为视觉焦点或背景，如上海世纪公园灌木对花带的点缀。

3.藤本植物景观

藤本植物在公园中应用范围广泛，可用作亭台、曲廊、叠石、棚架等构筑物的垂直绿化，在建筑立面、植物表面装饰、丰富群落层次等方面也可运用，有时还可以做地被植物使用。

（1）附壁景观

主要通过吸附类藤本植物，借助其特殊的附着结构，在建筑物、挡土墙、假山表面等垂直立面进行绿化造景，是常见的假山绿化造景方式。垂直立面绿化常单面观赏，有良好的造景效果，无论从整体还是局部观赏，都能有绿瀑效果。

（2）篱垣景观

此类景观一般高度有限，选材范围广，景观两面均可观赏。被绿化的主体具有支撑功能，如围栏、钢丝网、低矮围墙、栅栏、篱笆等。

（3）棚架景观

棚架式造景具有观赏、休闲和分割空间三重功能，具有观赏性和实用性，是公园中最常见的藤蔓造景方式，采用各种刚性材料构成具有一定结构和形状的供藤蔓植物攀爬的公园建筑。棚架藤本植物主要选择卷须类和缠绕类，也可适当应用蔓生类，常见的有紫藤、葡萄、猕猴桃、长春油麻藤、木通等。

（4）假山置石绿化景观

假山和置石已成为公园造景中不可缺少的景观元素，用藤本植物来装饰则刚柔并济，相互映衬。有石有山必有藤，藤本植物在此类造景中应用非常广泛，主要是悬垂的蔓生类和吸附类，同时要考虑假山置石的色彩和纹理以及栽植的数量，达到和谐自然的效果，常见的植物有金银花、长春花、爬山虎、络石和凌霄等。

（5）立柱景观

这类藤本植物绿化造景比较特殊，常用于大型廊架的柱状支架或建筑物的立柱，某些高大的孤植树或群植树林，以及某些需要遮挡的柱形物，能产生自然和谐的效果，常用吸附类和缠绕类植物，如爬山虎、薜荔等。

（6）地被景观

许多藤本植物横向生长也十分迅速，能快速覆盖地面，形成良好的地被景观，如蔓长春花、络石、扶芳藤、常春藤等。

4. 花卉景观

花卉在公园中的灵活运用可以为绿地增添景观层次，丰富景观色彩，优化景观生态，赋予景观创新性。在遵循科学性的基础上，通过一定的艺术表现手法，以其变化的色彩、姿态和高低错落的韵律来创造植物景观，使其与乔木、灌木、地被、草坪构成一个完整的群落。随着国外大量花卉应用形式被引进，目前在公园内可见到各种形式的花坛、花境、花台等。

（1）花坛

花坛是按照设计意图，在有一定几何轮廓的植床内，以园林花草为主要材料布置而成的，具有艳丽色彩或图案纹样的植物景观。花坛主要表现为花卉群体的色彩美，以及由花卉群体所构成的图案美，能美化和装饰环境，增加节日的欢乐气氛，同时还有标志宣传和组织交通等作用。根据形状、组合以及观赏特性不同，花坛可分为多种类型，在景观空间构图中可用作主景、配景或对景。从植物景观角度来看，一般按照花坛坛面花纹图案分类，分为盛花花坛、模纹花坛、造型花坛、造景花坛等。

（2）花境

花境是以宿根和球根花卉为主，结合一、二年生草花和花灌木，沿花园边界或路缘布置而成的一种园林植物景观，也可点缀山石、器物等。花境外形轮廓多较规整，通常沿着某一方向作直线或曲线演进，而其内部花卉的配置成丛或成片，自然变化。花境主要有单面观赏花境、双面观赏花境和对应式花境三类。单面观赏花境是传统的花境形式，多临近道路设置，常以建筑物、矮墙、树丛、绿篱等为背景，前面为低矮的边缘植物，整体上前低后高，供一面观赏。双面观赏花境没有背景，多设置在草坪上或树丛间及道路中央，植物种植是中间高两侧低，供双面观赏。对应式花境是在园路两侧、草坪中央或建筑物周围设置相对应的两个花。这两个花境呈左右二列式，在设计上应统一考虑，作为一组景观，多采用拟对称的手法，以求有节奏和变化。

（3）花台

在高于地面的空心台座（一般高40～100厘米）中填土或人工基质并栽植观赏植物，称为花台。花台面积较小，适合近距离观赏，有独立花台、连续花台、组合花台等类型，以植物的形体、花色、芳香及花台造型等综合美为观赏要素，如上海人民公园花台。花台的形状各种各样，多为规则式的几何形体。如正方形、长方形、圆形、多边形，也有自然形体的。常用的植物材料有一叶兰、玉簪、芍药、三色堇、菊花、石竹等。

（4）花池和花丛

花池是以山石、砖、瓦、原木或其他材料直接在地面上围成具有一定外形轮廓的种植地块，主要布置园林花草的造景类型。花池与花台、花坛、花境相比，特点是植床略低于周围地面或与周围地面相平。花池一般面积不大，多用于建筑物前、道路边、草坪上等。植物选择除草花及观叶草本植物外，自然花池中也可点缀传统观赏花木和湖石等景石小品。常用植物材料有南天竹、沿阶草、葱莲、芍药等。

公园中水生花卉也多以花丛、花带的方式应用等。

5. 草坪与地被植物景观

草坪是公园中常见的植物景观，不仅可以单独成景，还可以与花卉搭配形成缀花草地，与树木配置形成疏林草地，在河湖溪涧等处坡地用作护坡草地等。

（1）草花组合

草坪铺植在花坛中，作为花坛的填充材料或镶边，起装饰和陪衬的作用，烘托花坛的图案和色彩。一般应用细叶低矮草坪植物，在管理上要求精细，严格控制杂草生长，并要经常修剪和切边处理，以保持花坛的图案和花纹线条，平整清晰。

（2）疏林草地

疏林草地一般具有稀疏的上层乔木，其郁闭度为 0.4～0.6，并以下层草本植物为主体，比单一的草地增加了景观层次。"疏林草地"模式遵循以树木为本、花草点缀；乔木为主、灌木为辅的原则。它在有限的绿地上把乔木、灌木、地被、草坪、藤本植物进行科学搭配，既提高了绿地的绿量和生态效益，又为人们的游憩提供了开阔的活动场地，将传统植物配置风格和现代草坪融为一体，形成一个完整的景观。草坪的应用使绿地虚实相间，达到了步移景异的效果。

（二）动物景观

1. 动物景观类型

（1）观赏动物

动物的体态、色彩、姿态和发声都极具美学观赏价值，蕴藏着一种气质美，世界各地历来都有观赏动物的传统。观赏动物是指用于观赏的动物，并不食用和捕杀，一般为濒临灭绝和引人注目的动物，如老虎体形雄伟，有山中之王的气度，长颈鹿、大象、"四不像"麋鹿等都具有观赏价值，孔雀、鹦鹉、斑马、金钱豹、火烈鸟等都是以斑斓的色彩吸引着人们。

（2）珍稀动物

珍稀动物指野生动物中具有较高社会价值、现存数量又极为稀少的珍贵稀有动物。珍稀动物包含陆生生物类、水生生物类、两栖类、爬行类，如大熊猫、金丝猴、白头叶猴、羚羊、扬子鲟等。

（3）表演动物

动物具有自身的生态习性，在人工驯养下，某些动物还有模拟特点，即模仿人的动作或在人的指挥下做出某些技艺表演，如大象、猴子、海豚、犬等表演某些动作，如海洋公园海豚表演。

（4）迁徙动物

迁徙是动物在一定距离移动的行为，如某些无脊椎动物东亚飞蝗、蝴蝶等，爬行类，如海龟等；哺乳动物如蝙蝠、鲸、海豹、鹿类等，还有某些鱼类有季节性的长距离更换住处的行为。动物的迁徙都是定期的、定向的，而且多是集群进行。一般将群鸟有规律、有节奏、有方向的飞翔活动称为迁飞，如燕子、鸿雁等。

2. 动物景观特性

（1）奇特性

动物在形态、生态、习性、繁殖和迁徙活动等方面有奇异表现，游人通过观赏可获得美感。动物是活的有机体，能够跑动、迁移，还能做出种种有趣的"表演"，对游人的吸引力不同于植物。无脊椎动物中以姿色取胜的珊瑚、蝴蝶，脊椎动物中千姿百态的鱼、龟、蛇、鸟类、兽类等都极具观赏性。鸟类、兽类是最重要的观赏动物，它们既可供观形、观色、观动作，还可以闻其声，获得从视觉到听觉的多种美感体验。

（2）珍稀性

动物吸引人还在于其珍稀性。我国有许多动物是世界特有、稀有的，甚至是濒临灭绝的，如熊猫、金丝猴、东北虎、野马、野牛、麋鹿、白唇鹿、中华鲟、白鳍豚、扬子鳄、褐马鸡、朱鹮等。这些动物由于具有"珍稀"这一特性，往往成为人们注目的焦点。不少珍稀鸟兽，如金钱豹、斑羚、猪獾、褐马鸡等，是公园景观中的亮点，既可吸引游客，又是科普教育的好题材。

（三）山水景观

1. 山体景观

山体是构成大地景观的骨架，中国名山众多，各大名山独具特色，构成雄、奇、险、秀、幽、奥、旷等形象特征。在公园中，不同的山体形态呈现出不同的景观效果。

山体景观根据地势形态划分为山丘、低地、洞穴、穴地、岭、山脊等类型。山丘，有360°全方位景观，外向性，顶部有控制性，适宜设标志物；低地、洞穴、穴地，360°全封闭，有内向性，有保护感、隔离感，属于静态、隐蔽的空间；岭、山脊，有多种景观，景观面丰富，空间为外向性；谷地，有较多景观，景观面狭窄，属于内向性的空间，曲折有神秘感、期待感，山谷纵向宜设焦点；坡地，属单面外向空间，景观单调，变化少，空间难组织，需分段进行人工组织空间，以使景观富于变化；平地，属外向空间，视野开阔，有多向组织空间。易组织水面，使空间有虚实变化，但景观单一，需创造具有竖向特点的标志作为焦点。

2. 水域景观

水是大地景观的血脉，是生物繁衍的条件，人类对水有着天然的亲近感。水景是自然风景的重要因素，也是公园景观不可或缺的一部分。公园中的水景类型丰富，一般包括泉水、小溪、湖池、河川、瀑布、溪涧、滨海、岛屿等形式。

（1）泉水

泉是地下水的自然露头，依山、傍谷、出穴、临河，被赋予神奇的观赏价值。由于泉水喷吐跳跃，吸引了人们的视线，可作为景点的主题，再配合合适的植物加以烘托、陪衬，效果更佳。

泉水的地质成因很多，根据成因可分为侵蚀泉、接触泉、断层泉、溢流泉、裂隙泉、溶洞泉。因沟谷侵蚀下切到含水层而使泉水涌出的叫侵蚀泉；因地下含水层与隔水层接触面的断裂而使泉水涌出的叫接触泉；地下含水层因地质断裂受阻顺断裂面而出的叫断层泉；地下水流动中遇到相对隔水层或隔水体而被迫上涌到地表的叫溢流泉，如济南趵突泉；地下水顺水岩层裂隙而涌出地面的叫裂隙泉，如杭州虎跑泉；可溶性岩石地区的溶洞水沿洞穴涌出地表的叫溶洞泉。可见，不同成因的泉水表现为不同的形式。

另外，泉按表现形式分为喷泉、涌泉、溢泉、间歇泉、爆炸泉等；按旅游资源分为饮泉、矿泉、洒泉、喊泉、浴泉、厅泉、蝴蝶泉等；按不同成分分为单纯泉、硫酸盐泉、盐泉、矿泉等，如我国济南七十二名泉之首趵突泉。

（2）湖池

湖池像水域景观项链上的宝石，又像洒在大地上的明珠，以宽阔平静的水面给人带来悠荡与安详。在公园中，湖是常见的水体景观，一般水面辽阔，视野宽广，多较宁静，如南京玄武湖、济南大明湖、北京玉渊潭公园八一湖等。

而中国古典园林如咫尺山林，小中见大，多师法自然，开池引水，成为庭院的构图中心、山水园的要素之一，深为游人喜爱。

三、城市公园的功能构成要素

公园构成要素包括出入口、景点和道路等，它们的处理是否得当，决定着公园结构合理与否，以及能否理想地发挥各自的作用。

（一）出入口

出入口的位置选择是公园规划设计的一项重要工作，它涉及能否方便游人进出公园，影响到城市道路的交通组织和街景，同时还关系到公园内部的规划结构分区和活动设计的布置。

公园可以有一个主要的出入口，一个或若干个次要出入口及专用出入口。主要出入口应设在城市主要道路和有公共交通的位置，但也要注意避免受到对外过境交通的干扰，还要与园内道路联系紧密，符合游览流线。次要入口是辅助性的，可为附近局部地区的居民服务，位置设在人流来往的次要方向，或设在公园内有大量人流集散的设施附近。主要出入口和次要出入口内外都要设置人流集散广场，其中外部广场要大一些，当附近没有停车场时，还要在出入口附近设置汽车停车场及自行车停车场。以佛山市中山公园为例，中山公园位于禅城区城市中心区的北部，根据公园的布局结构和人流量的多少设置了三个出入口，其中主要出入口设置在南部，而在北侧、东侧分别设置次要出入口，以满足附近居民的需要。各个出入口尤其是主要出入口附近都考虑了停车需要，并设置一定面积的集散广场。

（二）道路

道路除了交通功能外，更主要的作用是作为公园的结构导引脉络，为决定城市公园的结构而存在。公园的观赏要组织导游线路，引导游人按照观赏顺序游览，景色的变化要结合导游线来布置，使游人在游览观赏的时候，产生一幅幅有节奏的、连续的风景画面。导游线应按照游人游览曲线的高潮起伏来组织，如入口处引景，逐渐引人入胜，到达高潮，在结束时用余景使游人流连忘返，留下深刻的印象。

园路的设计形式很多，依景观布置及游览需要而定，从某种意义上说，园路的设计就是一种艺术，好的园路设计能使人感受到艺术的享受，符合人的行为心理需求。园路的色彩、肌理、质感、舒适性以及游客在行进过程中的行为和景物都会牵涉到园路的设计形式。深圳东部华侨城湿地公园中的园路设计就紧密地与景观设计相结合，既方便游人选择游览的目标，又依从设计的意图，使游人行走在其中感受公园的艺术魅力，心情无比舒畅。

（三）景点

公园的景点和活动设施的布置，要有机地联系起来，在公园中要有构图中心，在平面布局上起游览高潮作用的主景，常为平面构图中心。在立体轮廓上起景观视线焦点作用的制高点，常为立面构图中心，平面构图中心和立面构图中心可分为两处，也可是一个。平面构图中心的位置，一般设在适中的地段，较常见的是由建筑群、中心广场、雕塑、岛屿、园中园等突出的景点组成。当公园面积较大时，各景区可有次一级的平面构图中心，以衬托补充全园的构图中心，两者既有呼应和联系，又有主从的区别。立面构图中心常见的是由雄峙的建筑和雕塑，耸立的山石、高大的古树及标高较高的景点组成。

四、各类城市公园的景观规划设计要点

（一）综合性公园

综合性公园是城市公园绿地重要的重要部分。综合性公园一般是指规模较大，

自然环境条件良好，休憩、活动及服务设施完备，为全市或区域范围内的居民服务的大型绿地。

1. 综合性公园的位置与面积指标

综合性公园位置的选择一般应与城市中的河湖系统、道路系统及生活居住用地的规划进行综合考虑。一般全市性综合公园服务半径为 2~3 千米，步行 25~50 分钟可达，乘坐公共交通工具 10~20 分钟可达。区域性综合公园服务半径为 1~2 千米，步行 15~25 分钟可达，乘坐公共交通工具 5~10 分钟可达。

综合性公园的面积要求较大，全市性及区域性综合公园面积指标一般要求不小于 10 公顷，这样的面积是为了在节假日中其容纳量可达服务范围居民人数的 15%~20%，同时还能保证游人在公园中的活动面积为 10~250 平方米 / 人。

如佛山市中山公园位于佛山市禅城区东北部的汾江河畔，是一个集休闲、娱乐、宣传、展览、科普、饮食于一体的综合性公园。

该园始建于 1928 年，是为纪念孙中山先生而建的纪念性公园，建园初期仅 0.5 平方百米。后经不断扩建和改建，现公园占地约 28.07 公顷（其中水面 12.5 公顷，绿地 15.5 公顷），形成了以广阔水景和丰富绿化为特色的园林景观。该园每年春节都定期举办大型的春花会，各大节日都结合实际举办各种丰富多彩的歌舞、杂技表演，民族风情表演，以及奇石、灯饰、各种内容的书画摄影作品展等文化艺术活动，以丰富广大市民、游客节假日的文化生活。

2. 综合性公园的功能分区与项目

综合性公园是城市绿地系统的重要组成部分，是全市居民共享的户外绿色空间，通常要求功能分区齐全，安排的项目丰富，以满足区域性居民的多种活动需求。

（1）观赏游览

主要内容为园内的花草树木、山石水体、名胜古迹、建筑小品等景观。

（2）安静活动

内容包括散步、晨练、小坐、垂钓、品茗、棋艺等。

（3）儿童活动

内容有儿童的器械活动、游戏活动、体育运动、集会以及一些科普知识的普及与教育活动等。

（4）文娱活动

主要内容包括露天剧场、电影场、游艺室、俱乐部、游戏、嬉水、浴场及群众表演的场所等。

（5）文化和科普宣传

内容包括展览、陈列、演说、座谈、植物园、动物园、盆景园等。

（6）服务设施

内容有餐厅、茶室、小卖部、公用电话、问讯、指示、厕所、垃圾箱等。

（7）园务管理

内容有办公、职工宿舍、食堂、仓库、变电站、温室等。以佛山市中山公园为例，园内分南门广场区、历史文化区、老年活动区、草坪区、湖区、儿童游乐区、动物观赏区、观赏休憩区等九大景区，各景区疏落有致，情景交融。园内的儿童游乐项目丰富多彩，有欢乐广场、高架滑车、欢乐跑马群、自控飞碟等娱乐设施，各个年龄段的儿童均可在这里找到无穷的乐趣。

3. 综合性公园的植物配置与景观构成

植物是公园最主要的组成部分，也是公园景观构成的最基本元素。在公园的植物配置中除了要遵循公园绿地植物配置的原则以外，在构成公园景观方面，还应注意以下两点：

（1）选择基调树，形成公园植物景观基本调子。为了使公园的植物构景风格统一，在植物配置中，一般应选择几种适合公园气氛和主题的植物作为基调树。

（2）配合各功能区及景区选择不同植物，突出各区特色。在定出基调树，统一全园植物景观的前提下，还应结合各功能区及景区的不同特征，选择适合表达这些特征的植物进行配置，使各区特色更为突出。如公园入口区应选择色彩明快、树形活泼的植物。安静游览区则适合配置一些姿态优美的高大乔木和草坪。儿童活动区配置的花草树木应品种丰富、颜色鲜艳，同时不能有毒、有刺及有恶臭。文化娱乐区应着重考虑植物配置与建筑、铺地等人工元素间的协调、互补和软化的关系。园务管理区一般选择一些枝叶茂密的常绿高灌木和乔木，使整个区域掩映在一片绿荫当中。

（二）动物园

动物园是集中饲养多种野生动物及少数品种优良的家禽家畜，供市民参观、游览、休憩，对市民进行科普教育，同时可供科研的公园绿地。

按规模大小，动物园可分为全国综合性动物园、地区综合性动物园和省会动物园。另外按动物展出的方式，动物园可分为一般城市动物园和野生动物园两种。如广州香江野生动物世界就是一个以大规模野生动物种群放养和自驾车观赏为特色的动物园，集动、植物的保护、研究、养殖、旅游观赏、科普教育为一体的野生动物园。

1. 动物园的规划要点

（1）明确功能分区

动物园的规划，首先进行明确的功能分区，并且各区之间要有明确的分工，不能相互交叉、干扰，以免造成管理混乱。比如，既要在管理上有利于动物的饲养和繁殖，又要保证动物能够顺利展出，还要设置游客休息区。

（2）有清晰的游线组织

形成分级分类的各种道路系统，便于游人进行全面及重点的参观，使园务管理与游客流线不交叉干扰。

（3）结合动物的生活及活动习惯，选择适当的展出方式，并进行合理的植物配置，创造适合动物生活的空间以及景色宜人的公园环境。

（4）动物园四周应采取有效的安全防护措施，以防动物逃跑伤人，同时保护游人能迅速安全地疏散。

（5）动物园的规划能保证分期实施的可能。

2. 动物园的动物展出与笼舍建筑设计

动物展出是动物园最主要的功能，动物展出效果与动物笼舍建筑的设计直接相关。现在常用的动物笼舍的形式主要有以下几点：

（1）自然式笼舍

利用动物园用地范围内的地形地势，模仿动物各种生存的自然环境，在其中布置各类动物的笼舍，是较为理想的方式。如广州香江野生动物园利用地形地势布置动物笼舍，创造出模拟各种自然景观的意境。

（2）建筑式布局

在用地范围内，用一系列的笼舍建筑组成动物展览区，自然绿化面积少。这种布局形式一般在小城市，动物品种数量不多的情况下采用。

（3）混合式布局

根据动物园不同地段的情况，分别采用自然式或建筑式布局形式，如北京动物园。

3. 动物园的绿化设计

动物园的绿化设计从总体上要以创造适合动物生活的环境为主要目的，仿造各种动物的自然生活环境，解决异地动物生态环境的创造与模拟，例如可在狮虎山园内多植松树，熊猫展区多栽竹子等。同时动物园的动物展览区绿化设计应符合以下规定：

（1）创造适合动物生活的绿色环境和植物景观。适合动物生活的环境包括遮阴、防风沙、隔离不同动物间的视线等创造动物野生环境的植物景观，以增加展出的真实感和科学性，如广州香江野生动物园的植物配置景观就很好地结合了各种动物的生存环境进行设计。

（2）不能造成动物逃逸。如在攀缘能力较强的动物活动场地内植树要防止动物沿树木攀登逃逸。

（3）有利于卫生防护隔离。隔离一些动物发出的噪声和异味，避免相互影响和影响外部环境。

（4）植物品种的选择。应有利于展现、模拟动物原产区的自然景观。

（5）动物运动范围内植物品种的选择。应种植无毒、无刺、生长力强、少病虫害的慢生树种。尽管野生动物本能地具有识别有毒植物的能力，但也要注意植物的配置。北京动物园就曾发生过熊猫误食国槐种子而引起腹泻的事故。

（6）在动物笼舍、动物运动场地内种植的植物应考虑保护植物的措施。动物园的绿化设计除满足以上要求外，还是改善城市环境，调节城市气候的手段之一。如广州香江野生动物园的绿化环境设计做得相当不错。这里虽与广州市区仅一河之隔，但却是植物的海洋，大面积郁郁葱葱的绿色植物，不但使这里成为最具华南地区亚热带雨林特色的地区，还使这里的空气格外清新，含氧特别丰富。同时，香江野生动物园大面积的水体如天鹅湖、鸳鸯湖等，与植物相互作用，对气温起到了极好的调节作用，这里的温度比广州市区同一时间的温度要低3～5℃，每到炎炎夏日，香江野生动物园便成为众多市民的避暑胜地。

（三）植物园

植物园是搜集和栽培大量国内外植物，以种类丰富的植物构成美好的自然景观，供游人观赏游憩之用，同时进行科普教育和进行植物物种收集、比较、保存和培养等科学研究的园地。

1. 植物园的类型

植物园按其性质可分为：综合性植物园、专业性植物园。

（1）综合性植物园：指其兼备多种职能，集科研、游览、科普及生产的规模较大的植物园。目前，我国这类植物园有划归科学系统，以科研为主结合其他功能的，如北京植物园（南园）、南京中山植物园、庐山植物园、武汉植物园、华南植物园、贵州植物园、昆明植物园、西双版纳植物园等。有划归园林系统，以观光游览为主，结合科研、科普和生产的，如北京植物园（北园）、上海植物园、青岛植物园、杭州植物园、厦门植物园、深圳仙湖植物园等。

（2）专业性植物园：指根据一定的学科、专业内容布置的植物标本园、树木园、药圃等。如浙江农业大学植物园、武汉大学树木园、广州中山大学标本园、南京药用植物园等。这类植物园大多数属于某大专院校、科研单位，所以又可称为附属植物园。

2. 植物园的景观规划设计要求

（1）确定建园的目的、性质、任务。

（2）确定植物园的用地面积、分区及各部分的用地比例。一般展览区用地面积较大，可占全园面积的40%～60%，苗圃级实验室区用地占25%～35%。

（3）展览区位置。确定展览区的位置应考虑方便的交通，使游人易于到达；用地地形富于变化，满足不同生态要求的植物生长，有利于创造丰富的景观。偏重于科研、生产性的展览区，游人量较少或不对游人开放，宜布置在稍远的地点。

（4）苗圃试验区。是进行科研和生产的场所，不向游人开放，应与展览区隔离。应设有专用出入口，并且要方便与城市交通联系。

（5）道路系统。植物园道路系统的布局与公园有许多相似之处，一般可分为三级：主路4～6米宽，是园中的主要交通路线，应便于交通运输，引导游人进入各主要展览区及主要建筑物，并可作为整个展览区与苗圃试验区，或几个主要展览区之间的分界线和联系纽带。次路2～4米宽，是各展览区内的主要道路，一般不通大型汽车，必要时可通行小型车辆。它将各区中的小区或专类园联系起来，多数又是这些小区或专类园的界线。小路1.5～2米宽，是深入各展览小区内的游览路线，一般不通行车辆，以步行为主，为方便游人近距离观赏植物及日常养护管理工作的需要而设，有时也起分界线作用。

目前，我国大型综合性植物园入园后的主路多采用林荫道，形成绿意盎然的气氛，其他道路多采用自然式的布置。主路对坡度有一定限制，其他两极道路都应充分利用原有地形，形成蜿蜒曲折的游览路线。道路的铺装图案设计应与环境相协调，纵横坡度一般要求不严，但应保证平整舒适和不积水。同时要注意道路系统对植物园各区的联系、分隔、引导及景观构图中的作用。道路应成环状，避免游人走回头路。

（6）植物园的排灌工程。植物园的植物既进行展览又兼科研，要求品种丰富，生长健壮，养护条件要求较高。因此，排灌系统的规划是一项十分重要的工作。一般利用地势的自然起伏，采用明排水或设暗沟，使地面水排入园内水体中，如距水体较远或排水不良的地段，需铺设雨水管，辅助雨水排出。一切灌溉系统均以埋设暗管为宜，避免明沟破坏园林景观。

（四）儿童公园

1.儿童公园的类型

（1）综合儿童公园

综合儿童公园分为市级和区级两种。综合性儿童公园内容全面，可满足各类活动需求，通常情况下可配备各类球场、游乐场、小型游泳池、露天剧场、青少年科技站、障碍场、休闲池、阅览室和小卖部等。我国的市级儿童公园如杭州儿童公园、湛江儿童公园，区级儿童公园如西安建国儿童公园。

（2）特色儿童公园

以强调特定活动内容为特点的专门为满足儿童各种需求的公园，称为特色儿童公园，体系比较完善。比如哈尔滨公园，总面积17公顷，2千米长的儿童小火车能让儿童在公园里穿行一周，让孩子们在游戏中学习知识。

（3）小型儿童公园

小型儿童公园通常位于全市公园内，功能与儿童公园相近，具有用地少、设施简单、规模小等特点，如北京紫竹园儿童公园。

2. 儿童公园的功能分区

（1）幼儿活动区

幼儿活动区是学龄前儿童活动的场所。其设施包括游戏室、休闲亭、凉亭、户外活动草坪、沙坑、铺砌的游乐场和游乐设备玩具、婴儿栏杆、攀爬梯和跳跃设备等。这些活动是针对这个年龄段的孩子设置的，因此，在尺寸上也要注意按照这个年龄段的幼儿进行测量。

（2）学龄儿童活动区

学龄儿童活动区就是专门为学龄儿童游戏活动准备的区域空间。在这个区域中，有团体活动场所和水上运动设施，如休闲池、障碍训练场、大型攀爬架等。除此之外，还有儿童房、科学游戏室、电动游戏室和室内活动阅览室等。如果条件允许，还可以在学龄儿童活动区设置小动物角和植物角。

（3）体育活动区

这里是体育活动的场所，可以创建障碍活动区。

（4）娱乐及少年科学活动区

在这个区设置有各种娱乐活动项目和科普教育设施。比如小剧场、电影院等。

（5）管理办公区

除了以上功能区之外，在儿童公园中，管理办公区也十分重要，管理办公区就设置一些办公用的房子，这些房子要注意同活动区之间有一定的隔离措施。

3. 儿童公园的设施

儿童公园应有亲子活动场所和设施。这些设施一是用来丰富景观，二是用来作为带儿童来公园游玩的家长的休息之用。主要有：儿童休息亭、走廊、椅子等景观构筑物和小品，孩子们可以跑、跳、转、爬、荡、挖等。要注意，这些设备的质量要符合要求，确保儿童在玩耍过程中的安全性，并且能够满足孩子玩水、玩沙、捉迷藏的需求。另外，还要对这些设施和设备设置相关的管理服务制度。

4. 儿童公园的绿化

在城市中，通常在居民的生活区内会建设儿童公园，既然作为公园，那么就应注意营造良好的自然环境，因此，应在其周围种植茂密的树木和灌木作为屏障。园内各区域也应适当绿化，以确保安全，尤其是儿童活动区域，尽量少种植占用儿童活动区域的花草灌木。还要考虑夏季防晒遮阴、冬季光照够足的因素，在种植庭荫树和林荫树的时候可以选择落叶乔木。在儿童游乐设施的操场上，应种植高大的绿叶树遮阴，注意不要影响游乐设施的正常使用。

（五）体育公园

1. 体育公园的定义

体育公园是指市民在日常休闲活动中，举办各类比赛、训练、锻炼的专业公园，一般体育健身设施比较齐全。换言之，体育公园就是体育主题公园。以各种体育设施为主要组成部分，另外还设有停车场及各种附属建筑，绿化环境良好，是城市居民锻炼和举办各种体育比赛的运动空间，属于社会体育设施与城市公园的结合体。体育公园从本质上讲，是既具有符合一定技术标准的体育设施，又有足够的绿化措施的特殊的城市公园。如成都城北体育公园和佛山南海体育公园。一般来讲，体育公园都比较大，通常不小于 10 公顷，建设投资比较大，管理维护的成本也比其他公园要高。

南海全民健身体育公园是在 2009 年落成使用的体育公园。园内拥有大量体育设施，包括 1 个可容纳近万人的中心广场、1 个标准足球场、5 个五人足球场、12 个标准篮球场、2 个标准排球场、5 个网球场、30 张乒乓球桌、3 条健身路径、1 个滑板练习场等，还有攀爬、舞狮等项目运动专区。公园还有一个投资近千万元的国民体质监测中心，到广场健身的市民可根据监测中心给出的体检结果选择合适的运动项目，免费获取科学的运动指导。全民健身体育公园北临佛山水道，南临海八路，东临桂澜路北延线，西临桂和路，交通方便。考虑到市民将来的需要，体育公园在海八路与桂澜路交界处一角，预留了公交车站的位置，方便日后设站。另外，全民健身广场还在外围设计了300个汽车停车位，以方便市民停车。

2.体育公园景观设计的注意事项

（1）注意四个季节可以热门展现的景色，尤其是人们长期户外活动的季节。

（2）植物大小的选择应与运动场的规模相关。

（3）种植要注重为以人为本，要考虑人们夏需遮阴，冬需日照的需要。也就是说，在人们需要树荫的季节，树木繁茂、树叶密集；而在人们需要光照的季节，则是在人们活动的地方阳光不应被常青树遮蔽。

（4）树种的选择应以装饰效果较好、便于管理的乡土树种为主。

（5）树种应选择那些污染少的，减少落果和飞絮树种的使用。除此之外，还要落叶整齐，易于清洁，以减少环卫工人进行落叶处理的负担。

（6）露天比赛不得将妨碍视线的植被置于观众视线范围内，观众席上可以种植耐踩踏的草。

上面提到的作为佛山最大的全民健身广场的南海全民健身体育公园，既满足了市民健身需求，又使公园成了南海中心城区一道亮丽的风景线。为了增强"亲和力"，公园四周设计为慢跑的健身长廊，长廊两边草木簇拥，像一条绿色的缎带环绕整个广场，长廊中安排有器械、路径，以及市民休息的位置。

第三节　城市公园绿地规划设计

配合环境，创造自然条件，使之适合于种植乔木、灌木和草本植物而形成的一定范围的绿化地面或地区。这是"绿地"一词在《辞海》中的解释。具体包括供公共使用的公园绿地、街道绿地、林荫道等公用绿地，以及供集体使用的有附设于工厂、学校、医院、幼儿园等内部的专用绿地和住宅区的绿地等。近代城市规划制度产生后，开始将城市绿地作为城市用地的一个重要种类，在城市规划中合理运用。公园绿地设计是城市景观设计的主要组成部分，也是公园景观的主要构成要素，绿地环境可以为人们提供良好的游乐场所。

随着科学技术的发展，城市规划理论日趋完善和成熟，特别是城市规划中对生态学理论的运用，使人们对城市绿地有了全方面的认识。城市绿地功能除了保护城市环境、改善城市气候、降低城市噪声、减灾防火等生态功能外，在使用功能上能给市民提供休息、娱乐活动、观光旅游、文化宣传及科普教育等活动的适宜场所。另外，从美化城市的角度看，绿地能丰富城市建筑群体的轮廓线，增加建筑的艺术效果，使整个城市拥有优美的、自然感强烈的景观环境。

城市绿地的功能较多，那么城市绿地包括哪些内容呢？关于这个问题，不同的国家由于受诸多不同方面因素的影响，表现在内容上有很大的差异，甚至在同一个国家的不同时期，对城市绿地的认识也并不相同。如日本，根据城市绿地系统的功能需求将城市绿地分为居住区公园、城市骨干公园、特殊公园、城市绿地、绿道等几大类别。而前苏联对城市绿地的分类则主要由公共使用绿地、局部使用绿地和特殊用途绿地三大类组成，其中每个类别中又包括数个小类别。随着时代的发展，城市绿地规划已有了较大的发展，并与城市总体规划同步进行。总体来说，城市绿地按照功能一般包括公园绿地、生产绿地、防护绿地、附属绿地等，其中，公园绿地是城市绿地的重要组成部分。

公园绿地是城市绿化中重要的组成部分，具有改善城市生态环境、美化城市景观等作用。因此，公园绿地规划设计是城市景观设计的重要内容，其设计过程必须遵循一定的规划设计原则来进行。

一、公园绿地规划设计原则

首先，在公园绿地规划设计中要以充分发挥其功能为基本前提。在城市公园绿地的规划布局中，根据合理的服务半径，将各种类型的公园绿地分布于城市中的适当位置，并避免公园绿地服务盲区的存在。

其次，在整个绿地规划设计过程中，要始终本着以人为本的原则。也就是在功能空间划分、活动项目、活动设施、建筑小品和环境设施的布置及景观序列的安排等方面都要以人的心理学、行为学和人体工程学为基本出发点，设计出使用频率高，真正供市民休闲、娱乐的公园绿地。

再次，公园绿地的规划设计要以充分发挥绿地的生态效益为原则。为了满足这种原则，在规划中可以将大小不同的公园绿地分布于城市不同的区域中，并用绿带或绿廊的形式将其连接在一起，形成一个整体。在具体的绿地设计中要以植物造景为主，植物选择以乡土树种为主，同时根据生态位（ecolo 绿色基础设施 cal niche，是指一个种群在生态系统中，在时间空间上所占据的位置及其与相关种群之间的功能关系与作用）、群落生境等特征，形成合理的乔木、灌木以及植被种植结构和生态型的植物造景系统，努力达到生物多样性和景观多样性。这样的布局和设计才能使公园绿地的生态效益得到充分发挥，从而真正发挥改善城市环境、维护生态环境的生态功能。

最后，公园绿地规划设计要满足美化景观的功能要求。遵循这个原则应考虑在规划设计中，公园绿地和周围环境及建筑之间的关系，绿地本身的景观结构以及景观序列安排、艺术特色等内容，此外对于一些有特殊意义的公园绿地还要对其地方文脉和文化内涵等进一步探索。总之，公园绿地规划满足美化景观的原则就是要在立意和构景上下功夫，使人们在公园绿地中有更高的精神享受。

公园绿地是由地形、各种类型的植物、水景、建筑小品及环境设施、园林构筑物等要素组成的。因此，公园绿地的设计，简单来说，就是如何合理地安排这些构成要素。首先在进行设计之前，要对公园的基本情况做一些调查或资料收集工作。资料搜集工作包括公园用地的历史现状及自然条件，该规划用地在城市总体规划中的位置以及和其他用地之间的关系等，要有明确的了解。然后对公园的用地现状进行分析评定，包括对园内各地形的形状、面积、坡度比例等先进行分析评定，对土壤及地质、肥力、酸碱度、自然稳定角度以及园林植物、古树等的数量、品种、生长状况、覆盖面积、观赏价值等方面做出全面的分析评定。另外，还要对园内建筑、广场、道路以及其他公用设施的位置、标高、铺装材料、走向等方面进行分析，以及对园内现有的人文或自然景点、视线敏感区、视线盲区等也要进行分析评价。

做好全面的分析评定工作后，要针对这些评定结果对公园绿地进行总体规划设计。重点处理公园用地内外的分隔形式，使其与公园周围环境相协调，处理好对园外美好景观的引借和对不良景观的遮挡。计算公园用地面积及游人量，确定公园的活动内容。然后根据公园的性质和现状条件，划分功能景区，并确定各个分区的规模特点，进行总体平面布局。确定公园道路系统及广场，组织好景观序列和园路系统。园路系统可以根据不同的使用者，专门设置供游人利用的道路和供管理人员利用的道路。供游人利用的园路一般是方便快捷到达各个景点的道路，供管理人员利用的道路应该方便车辆运送公园所需的货物和设施，并考虑与仓库、管理设施相连。

城市公园的园路一般有直线式和曲线式两种形式。直线式园路是园内到达目的地距离最近的道路，多设置在平坦的地形上，方便游客通行，能节省游客游园的时间。曲线式园路既可用于处于丘陵上的园林中，也可用于平坦地形上，曲折多变的形态，给游人以步移景异的景观感受。无论是直线式园路还是曲线式园路，园路两侧的绿化设施都非常重要，通常要根据需要选择合适的树种及配植方法，为人们带来视觉上的美感。

二、公园绿地植物景观设计

公园绿地的植被覆盖面积很广，通常会远远超过公园内其他建筑用地，这也是将公园绿地作为城市绿化景观设计主要内容的原因。公园植物主要由树木、花卉和草坪构成。树木一般又分荫木类、叶木类、花木类、果木类和本质藤本类这几大类型，最常用的有叶木类的乔木和灌木。花卉的种类也很多，常见的有菊花、莲花、兰花、芍药、月季花、郁金香等，分别有不同的形态和色彩。草坪按其功能分类，包括有观赏性草坪、休息草坪、运动草坪、护坡草坪等。

公园绿地设计要根据当地的地质土壤、气候等自然条件选择植物类型，尽量采用本地的植物，将各种植物进行精心组合，合理搭配，形成稳定的生态群体，使其充分发挥美化景观的作用。另外，也要兼顾植物的生态效益、组织空间和卫生防护的功能。

公园植物配置是公园绿地设计的重要环节，包括公园植物与植物相互之间的配置和公园植物与其他诸如建筑、山石、水体、园路等构景要素相互之间的配置。

不同种类植物的茎、叶、花、果实，无论是外在形态，还是大小等都存在或大或小的差异。另外，它们在不同阶段或季节，植物颜色也不同，因此，在公园绿地植物景观设计的时候，应因地制宜地调整植物配置，不仅要保证植物的正常发育，还要充分发挥这些植物的装饰功能。在选择园林植物时，应以当地树种为主，既能保证植物的正常生长发育，又能体现各地区的植被风貌。此外，也要相应地引入一些优良品种的花卉、植物，以增加园景的新奇感。

（一）树木配置方式

通常有两种类型的树木配置：自然式的和规划式的。其中，自然式是指树木的形状和行距不统一，随机排列，能够充分展现天然植物的自然景观，突出自然美感。例如，中国古典园林景观的景区中，一般采用自然配置，但在一些区域，如主楼附近或园林小径两侧的树木和植物，也有是按照一定规律布置的。自然式配置树木的技术方法包括孤植、丛植、群植和林植等几种。孤植也就是单独种植，西方庭园中称为标本树。这样的种植方法主要是显示树木的个体美，常作为园林空间的主景。作为孤植的树木一般具有形体高大雄伟、姿态优美、色彩鲜明、寿命长等特点。孤植的目的虽然主要表现其植物的个体美，但也不能孤立地只注意到树木本身，还要考虑其与环境间的对比与烘托关系。在孤植树木周围配置的其他树木应保持合适的观赏距离。另外，在珍贵的古树名木周围，不宜栽植其他乔木和灌木，以展现古树名木的独特风姿。

丛植是园林中应用最为普遍的树木配置方式，通常是将三株以上不同树种组合在一起，可作为主景或配景，也可以用作背景或隔离措施。丛植的方式符合景观艺术构图规律，既能表现植物的整体美，又能欣赏树种的个体美。

群植就是由数量较多的树木组合在一起的种植方式，既可以选择相同的树种进行组合，也可以由几种不同的树种组合成群体。群植方式占地面积较大，树木较多，主要体现树木的群体美，在园林中可作为背景或伴景应用，在自然风景区也可用作主景。另外，两组群体相邻时，又可互为对景或框景。群植方式布置的树木不但能形成独特的景观艺术效果，而且还有改善空气质量、美化环境的功用。另外，在进行具体布置时，应当注意整个树群的轮廓线及色相等效果。

（二）花卉设计形式

花卉设计形式与树木的配置方式相同，也主要分为两种方式：一种是自然式；另一种是规则式。规则式花卉主要以花坛为代表，天然花卉主要以花丛、花群和花地为代表。

花坛算是一个花卉种植区域，这个区域的特殊之处在于具有一定几何轮廓，在花坛内种植各种装饰花卉，可以形成一幅装饰性很强的彩色图案画。因此，花坛主要强调景观的群体美。

花丛、花群等自然式花卉主要特征是以数量、规模及地形取胜，形成单种花丛或多种花丛的花群，或构成连绵不断的花地，更接近自然景观。

另外，在花卉设计中还有一种半自然式的设计形式为花镜。花镜主要种植宿根花卉，大多沿园林长轴方向演进形成带状连续构图，并没有规范的形式。花镜起源于英国的传统私人别墅花园中，是模拟自然林地边缘多种野生花卉交错生长的自然景观状态，有球根花卉花镜、混合花镜、单面观赏花镜和双面观赏花境等几种类型。其主要特点是以墙、绿篱、树丛等为背景，从构图的平面和立面欣赏植物，一年四季均有可赏的花景。

综上所述，公园绿地是具有一定的活动设施和园林艺术布局的城市绿地，是为市民提供休憩、游览、娱乐的主要场所。公园绿地包括的类型较多，在具体设计时，要从公园的性质、特征和人文内涵等方面进行考虑，结合公园现状进行具体设计，确保公园景观能为市民提供良好的精神享受和视觉审美的环境。

第四节　城市公园景观设计价值认知

一、城市公园的社交文化功能价值

（一）休闲游憩功能

在城市中，由于人们整日生活在钢筋水泥的高楼大厦中，接触大自然的机会相对乡村来说就少了很多，这个时候城市公园就显得十分重要，城市公园的建设是为了方便居民，为居民提供休闲游憩场所，因此，经常在居民的生活区中进行建设。城市公园中会设置很多供居民进行活动的空间以及措施。能够使居民进行大量的户外活动。提供休闲场所是城市公园的最主要的职能，也是最直接的职能。

（二）精神文明建设和科研教育的基地

当居民想要进行户外活动的时候，往往会聚到城市公园中，在这里，为居民提供了许多户外活动项目。城市公园自开始出现以来，也随着全民健身运动的发展和社会文化的进步而不断发生着变化，今天，城市公园不再仅仅是居民锻炼身体休闲娱乐的场所，还是物质文明建设过程中传播精神文明、科学知识、科学研究和宣传教育建设的重要场所。在日常生活中，我们时常看到，人们在闲暇之余，会聚集在城市公园唱歌、健身、交友等。各种社会文化活动的发展，一方面使广大市民陶冶了情操；另一方面使市民的综合素质得到了提高。不仅如此，还形成了独特的大众文化，在社会主义中，大众文化在建设道德文明中的作用日益突出，不容忽视。

二、城市公园的经济功能价值

（一）防灾、减灾功能

由于公共开放空间面积大，因此，城市公园不仅是城市居民平日聚集的场所，在城市防火、防灾、疏散等方面也具有很大的安全保护功能。举个例子来说，城市公园可以被当作地震时的避难所，火灾时的防火屏障。其中大型公园更能作为救援直升机的降落地、救灾物资的集散地、救灾人员的驿站和临时医院的所在地、受害者和灾区的临时住所，以及坍倒建筑物废物的临时存放区。

（二）预留城市用地，为建设未来城市公共设施之用

城市公园的建设在短期内来看，可以保证城市居民休闲时间的高效利用；从长远来看，作为城市公共区域的公园也可以作为城市的预留土地，为城市未来发展对于公共设施的建设的需求创造了一定可能。

（三）带动地方社会经济的发展

由于城市环境的恶化，城市公园作为城市主要绿地，在社会经济发展中的引领作用越来越明显。城市公园最重要的作用是增加周边地区土地和房地产的价值，吸引投资，从而为该地区的经济和社会发展做出贡献。这可以从报纸、电视、网络上频繁刊登的房地产广告，以及利用毗邻公园这一点优势推销房产或者增加其价值的事实中明显地看出来。

（四）促进城市旅游业的发展

近年来，随着科学技术的发展，经济的快速增长，人们的生活水平也发生极大的改变，得到了前所未有的大幅度提高。人们的物质需求得到的满足，旅游日益成为现代社会人们精神生活的重要组成部分。目前，城市公园已成为大城市发展城市旅游所需的旅游资源的主要组成部分。

在旅游方面，城市公园具有以下特点：

（1）从城市公园的发展历史看，一些城市公园历史悠久、门类齐全、时空范围广。有传统古典园林，有殖民色彩的现代公园，也有当代公园。除此之外，还有一些独具中国特色的公园。

（2）从园容、园景来看，城市公园为游客提供了休闲、观赏的场所，一般公园中会设置一些人为模仿自然景观环境的空间。

（3）从活动上来看，城市公园为游客参与旅游提供了一个充满活力的活动场所。比如近年来，上海、北京、青岛、大连等城市公园内在旅游节举办了花灯秀、茶艺表演、烟花表演、花展、风俗表演、音乐会等各种活动，充分展示了公园在旅游发展中的作用。

三、城市公园的环境功能价值

（一）维持城市生态平衡的功能

在城市生态平衡中，起到主要作用或者说是占据决定因素的就是城市中的绿化。众所周知，二氧化碳的吸收和氧气的形成都是植物光合作用的结果。由于城市公园拥有较大的绿化面积，在水土流失、空气净化、减少辐射、杀菌、除尘、防尘、防噪音、小气候调节、降温、防风等诸多方面具有优势。由此可见，城市公园对于缓解城市热岛效应具有良好的作用。另外，城市公园作为城市的绿肺，在改善环境污染、维护城市生态平衡方面发挥着重要作用。

（二）美化城市景观的功能

如果想要在城市中找到一处最接近大自然的地方，那无疑是城市公园了，城市公园建设的目的就是为了让居民有休闲、亲近大自然、放松心情的场所。而且在城市公园的建设中，非常注重绿化，而且通常会设置水体伴随，这样就会与城市其他灰色景观形成鲜明的对比。使得城市公园成为城市中主要的景点。在很大程度上对城市起了美化作用。

四、城市公园的其他功能价值

除了上述社会、文化、经济和生态功能外，城市公园还可以防止土地使用冲突，降低人口密度，防止过度城市化发展、有机组织城市空间和人类行为、改善交通、保护文物、保护历史遗迹、减少城市犯罪、加强社会互动、消除忽视、提高公众意识和促进城市可持续发展等。

第五章　城市基础设施景观设计研究

本章主要内容为城市基础设施景观设计研究，共分为三节，第一节为生态基础设施建设规划；第二节为绿色基础设施研究与规划；第三节为海绵城市理论与规划建设。

第一节　生态基础设施建设规划

发扬中华优秀传统文化精髓，规划建设智慧生态工程，首先建设是生态基础工程（包括生态廊道），确保智慧生态城市保护生态环境，遏制生态破坏、环境污染，减轻自然灾害危害；促进资源的合理、科学利用，实现生态系统良性循环、生态安全。

一、发扬中华优秀传统文化

我国传统城市选址特别注意"负阴抱阳，背山面水，山水交汇，动静相称，象天法地，以南为上"。这是中国优秀传统文化的体现。

我国优秀传统文化还强调因地制宜。《管子·乘马》当中有一段话，"凡立国都，非于大山之下，必于广川之上，高无近旱而水用足，下无近水而沟防省，因天时，就地利"。人在自然之中，不是在自然之外，更不是在自然之上，自然为本，天人合一。

天人合一中的"天"指环境。我国古代的理想城市非常强调与自然的结合，特别强调社会的和谐，强调城乡统筹与建设秩序的治理，强调人居环境的营造、文化的综合集成，山水城乡融合，形成整体的、系统的概念。

二、规划建设生态廊道基础设施

廊道指不同于周围景观机制的线状或带状景观元素，是生态基础设施的重要结构要素。生态廊道主要由植被、水体等生态性结构要素构成。绿道生态产廊道等概念的出现为廊道设计注入了新的活力。景观生态学中关于廊道的原理包括廊道的连续性、数目、构成、宽度与景观过程的关系等。这些都对廊道的规划与设计具有重要的指导意义。

廊道的宽度和构成是规划和保证其有效性的关键。宽度和构成的设定应该从功能入手，如生物保护、防洪、防止农业营养物质流失以及文化遗产保护和游憩等。鉴于廊道的功能日益趋向综合，上述的绿道和生态廊道会发生交叉。不同气候带对廊道宽度和构成的要求也不同。

三、创新理念建设智慧生态工程

智慧生态城市建设生态基础设施和智慧生态工程，按照智慧生态模式规划建设城市交通、能源、供排水、供热、污水、垃圾处理等基础设施，让城市融入生态系统。生态基础设施是维护城市安全和健康的关键，是城市和居民获得持续的自然服务（生态服务）的基本保障。实施网络强国战略，加快构建高速、移动、安全、泛在的新一代信息基础设施；加快完善水利、铁路、公路、水运、民航、通用航空、管道、邮政等基础设施；加强城市公共交通、防洪防涝等设施建设，实施城市地下管网改造工程。

（一）道路交通智慧生态工程

明确行人优先理念，改善居民出行条件，保障居民出行安全，倡导绿色出行。建设城市步行和自行车"绿道"，加强人行横道设施、自行车停放设施、道路绿化、照明等设施建设，有效转变严重依赖汽车出行的交通发展方式。

按照"量力而行、有序发展"的原则，加大对地铁、轻轨等城市轨道交通系统建设的投入，发挥公共交通的主体作用，一方面方便人们绿色出行，另一方面促进城市运输的发展，以及带动相关行业。积极发展大容量地面公共交通，加快调度中心、停车场、保养场、首末站以及停靠站的建设，鼓励建设换乘节点和充电桩、充电站、公共停车场等配套服务设施建设。建设公共停车场，并纳入城市老旧设施，城市美化和城市新发展规划中，同步实施。

加快完善城市路网体系，加大道路网络密度，提高城市道路网络的连通性和可达性。加强城市桥梁安全检查加固工作，并且对一些存在的安全隐患，要在规定时间内进行有效改善。以免影响交通的正常运行。另外，还要加快城市桥梁信息系统建设，对于桥梁安全问题要制定严格的管理制度，确保城市道路桥梁安全运行。

（二）城市管网智慧生态工程

地下基础设施是用好地下资源的重要载体，也是巨大内需的潜力所在。围绕提高新型城镇化质量，像地上工程一样，严格标准，精心建设地下设施。创新机制，吸引社会资金投入，在"补短板"中带动扩大有效投资，促进城市管网建设。

加强城市供水、污水、雨水、燃气、供热、通信等各类地下管网的建设，更新和检查，对材料陈旧、渗漏严重、影响安全的旧管网进行更新改造。在全国大中城市开展地下综合管廊试点，建设城市地下综合管廊。注意在中小城市建设地下综合管廊的时候，要因地制宜，根据当地的实际情况进行建设。另外，还要按照综合管廊模型，在各个园区设计建设新道路、新城区和地下管网。

加快城镇供水设施抢修建设，积极推进城乡区域协调供水，积极推进全国城镇公共供水普及程度和水质达标的双重目标的实现；加强饮用水水源地建设和保护；合理、节约用水，制定相关规章，关闭公共供水管网覆盖范围内的自备水井，由全市统一供水，切实保障全市供水安全。在全面普查和现状调查的基础上，制订城市排水防涝设施规划。加快雨污管网改造和排水防涝设施建设，解决城市内涝问题。积极推广低影响开发建设模式，将建筑、社区雨水收集利用、可渗透面积、蓝线划定和保护等要求作为城市规划许可和项目建设的先决条件。适当配置雨水滞留、收集利用设备，收集利用等削峰调蓄设施。加强城市河湖水系保护管理，强化城市发展蓝线保护。在城市建设过程中，经常会出现一些违法占用城市河湖水系的行为，这种行为要坚决抵制，以维护水系的生态、排涝、防洪功能。

完善城市防汛手段，完善预报预警、指挥调度、应急救援等措施，全面提高城市排水防涝、防汛减灾的能力，建立比较完备的城市排水、防汛建设及工程体系。

（三）污水处理智慧生态工程

加快形成"厂网并举、泥水并重、循环利用"的建设方案，以保障设施建设和运营为主线，优先升级改造老旧设施，确保城镇污水处理厂出水达到国家新的环保排放要求或地表水Ⅳ类标准。36个重点城市城区实现污水"全收集、全处理"，全国所有城市实现污水集中处理；按照"无害化、资源化"要求建设污泥处理设施。加强处置设施建设，加快建设节水型城市。在水资源稀缺、水环境质量较差的地区，应加快建设建筑物内的水、污水回用设施。保障城市水安全，恢复城市水生态，淘汰劣Ⅴ类水体，改善城市水环境。

（四）生活垃圾智慧生态工程

建设城市垃圾分类示范城市（区）和垃圾治理的示范工程，以大中城市为重点。加大垃圾处理设施建设的力度，提高城市生活垃圾处理能力。提高城市生活垃圾的减量化、资源化和无害化水平。如此，便可以促进城市垃圾在设施内得到有效处理。但是要注意的是，必须确保垃圾处理设施规范运行，以防止二次污染，避免出现"垃圾围城"困境。

（五）生态园林智慧生态工程

改善城乡环境，配合城中村改造和废弃地生态修复，加大社区公园、街道花园、郊野公园、绿道和绿廊的规划建设，推进生态园林建设城市。确保老城区人均公园绿地面积不低于5平方米，并且加强运营管控，强化公园公共服务属性，严格绿线管制。

城市应建设功能齐全的防灾避险园区，最基本的是要具备一定规模的水、气、电等配套设施。城市下沉式绿地以及城市湿地公园，在城市防洪防涝方面具有重要的意义。在进行建设设计的时候，要注意结合城市污水管网、排水防涝设施改造，通过选用透水性铺装、耐水湿、吸附净化能力强的植物等，这样有助于收集雨水，从而起到防洪、改善城市绿地排涝、补充地下水、净化生态等作用。

第二节 绿色基础设施研究与规划

从某种程度来讲，中国原有的城镇化发展模式已经到了危机的边缘，在高科技与生态文明交织的十字路口，人们逐渐认识到要摆脱与改善当今全球面临的生态环境危机等种种困境，就必须缝合修补快速城市化而造成的支离破碎的生态基底与整体自然、人文环境。绿色基础设施规划是近十余年来欧美提倡的并将之运用于城乡规划的"绿色空间政策"，依靠基于绿色基础设施的城乡一体化的绿色空间框架，平衡与协调自然环境与人类活动，是为了达成修复和改善自然生态环境和建设城乡绿色空间的目标而产生的。以此策略和方法来平衡和解决环境保护与开发建设的矛盾，已经受到越来越多国家的关注与重视。

一、绿色基础设施的思想来源与理论基础

（一）绿色基础设施的思想来源

虽然绿色基础设施这一概念出现的时间不长，但其所蕴含的思想却有着悠久的历史。绿色基础设施理念起源于 150 年前对于土地和人类与自然的关系研究，无数的理论、思想、研究和结论为其概念的形成做出了贡献。绿色基础设施在其概念的演变过程中从城市规划、建筑学、生态学、社会学等许多学科中获得启发，经历了土地保护与绿色空间的早期关注、工业化时代的土地保护、景观生态学与保护生物学、环境主义运动、绿道运动以及作为战略性保护工具的生态框架等几个阶段，最终形成了一个决定土地最佳利用方式的科学理论和方法。其思想来源主要有以下内容。

1. 西方近现代生态思想

从绿色基础设施的产生和发展历程来看，西方近现代生态思想对其有着重要的启发。20 世纪 20—30 年代，欧美许多发达资本主义国家的社会生产力迅速提高。20 世纪 50 年代末，蕾切尔·卡逊的《寂静的春天》首先描绘了一幅由于工业社会的极度扩张而导致生态毁灭性破坏的惨烈景象，这本著作拉开了现代生态主义思潮的序幕。

1968 年在意大利召开了第一次有关人类生态危机的国际学术会议，并在该会议的基础上由奥雷利欧·佩西发起成立了以研究这一命题为己任的、非官方的国际学术团体——罗马俱乐部。1970 年，罗马俱乐部的 D. H. 米多斯提出了"增长的极限"理论，指出了工业化过度发展导致了环境、能源、生态危机，愈演愈烈的环境污染，日渐枯竭的自然资源和每况愈下的生态环境，人类赖以生存的地球，包括人类自身，正面临着前所未有的生存危机。

在工业时代，设计作为科学技术与市场的桥梁，满足了人们种种生理和心理的需求，可以说功不可没，其坚持的就是人本主义。不可否认，在人类历史上人本主义有它不可磨灭的历史功绩。同时，人本主义思想逐步演变成一种深入人心的主导意识形态，可是这种意识形态一旦脱离具体的历史语境而无限膨胀，就会给整个生态系统造成难以想象的灾难。

显然，我们需要一种新的思想体系，一种有别于以往"以人为本"的思想体系，这就是以"自然为本"的生态主义。生态主义运动的兴起，使人们从一度含糊不清的环境意识形态中理出头绪、分清主次，一种可代表设计界主流方向的生态主义设计思想终于崭露头角。

西蒙·范·迪·瑞恩和斯图亚特·考恩提出了生态设计的定义：任何与生态过程相协调，尽量使其对环境的破坏影响达到最小的设计形式都称为生态设计。这种协调意味着设计应尊重物种多样性，减少对资源的剥夺，保持营养和水循环，维持植物生态环境和动物栖息地的质量，以改善人居环境及生态系统的健康。生态设计重视人类社会与自然之间的和谐统一，摒弃了掠夺式开发的弊病，达到人与自然共生的理想。因此，近现代西方生态思想主要分为人类中心主义和自然中心主义两大派系。

"人类中心主义"的基本观点如下：首先，人类中心主义是一种价值论，其理论基础是人类想确立自己在自然界中的优越地位，维护自身利益。其次，人类中心主义坚持认为人是主体，自然是客体，人不仅拥有对自然的开发利用权，而且拥有对自然进行管理和维护的责任与义务。最后，人类中心主义者坚信科学技术的手段和力量，是改造自然从而实现人类理想和目标的唯一途径，也是最能凸显人类能力和智慧的地方。

"自然中心主义"价值观强调人类活动必须尊重自然的内在价值，把人的道德规范扩展到生态领域，无疑是价值观领域的革命性变革。自然中心主义有以下三个重要的部分：其一，生态中心主义。生态中心主义是一种整体论，强调生命共同体的重要性。生命共同体的利益大于个体的利益，人们不仅要尊重人类的利益，更要尊重生命本身。人不是万物的尺度，每个生物都有自己独特的评价角度，人不能完全把握整个自然，而应将人类个体的利益与环境的利益相协调。其二，动物解放论和动物权利论。动物解放论认为动物和人类一样，都具有感受痛苦和快乐的能力，而能够感受痛苦和快乐是评判一种动物是否能够获得道德权利的根据，也就是说，动物应该获得与人类平等的道德权利。其三，生物中心论。生物中心论主要提出自然界是一个有机的多元的系统，人类和其他生物共同享有各种资源。人类是自然界大家庭的一员，并非自然的主宰者，主宰其他生物也不是人类的目的。人类与其他生物是相互平等、相互依赖的，人类没有凌驾于万物之上的权力，也不具备驾驭万物的能力。

近现代西方生态思想把道德关怀范围从人类道德规范扩展到生命和生物圈乃至整个自然界，维持人与自然之间的和谐、重视自然的内在价值的非人类中心主义，是绿色基础设施理念的重要思想来源。

2. 中国传统生态思想

绿色基础设施概念虽然是由美国首先提出的，但在我国的传统生态和科技思想中，朴素的绿色基础设施思想却是源远流长的，朴素的绿色基础设施的实践也是由来已久的，这为形成中国特色的绿色基础设施理论建设提供了宝贵的思想源泉。

中国历来是一个重视人与自然和谐相处的国家，生态文化博大精深，生态文明精神源远流长。早在夏、商与西周时期，先民就提出了"顺应自然、持续利用自然"的思想，这与绿色基础设施强调的回归自然系统的自生能力，构建可持续发展的生态框架思想不谋而合。当代中国绿色基础设施之启迪，同样源于古老而深刻的中国传统生态智慧思想。

我国古代工程中具有很多类似现代绿色基础设施作用的杰出实践，如周朝古道、南方丘陵地区的陂塘系统、长三角地区的运河水网、黄泛平原的坑塘洪涝调蓄系统以及都江堰大型水利工程等，它们体现了适应自然的朴素思想，不同程度地发挥生态系统的服务功能。

（1）"天人合一"——与自然和谐共处之道

中国传统生态思想的核心是"天人合一"，这是中国古人对待人与自然关系的经典概括，是中国古代思想的最深层的观念和最基本特征。"天人合一"思想的来源，是基于以农耕为主的生产背景，人对自然环境的依赖，对风调雨顺的期盼，使得先民们对四时交替、气候变换格外敏感，逐渐形成了与环境和宇宙间的自然生命相互依存的文化心态，认为人的自然生命与宇宙万物的生命是协调、统一的，反映了人们在追求一种人与自然和谐亲密的关系。在中国的传统文化中，各家学说对"天人合一"从不同角度进行了论述，影响尤为深远的是儒家和道家的思想。

尽管中国古人在不同的历史时期对"天人合一"有不同的表达方式，但他们却共同追求一种天与人、自然与人类的高度和谐与协调，即达到"天人合一"的理想境界。我国古代的天人合一思想，强调人与自然的统一，关注人类行为与自然界的协调，充分肯定了"自然界和精神的统一"，显示了中国古代思想家对于主体与客体、主观能动性与客观规律性之间关系的辩证思考。

（2）"生生之德"——生态伦理

中国传统生态思想在生态伦理上表现为人应该尊重生命，维护天地万物的"生生之德"。"生生之德"是中国古代哲学中与"天人合一"并列的概念。"生生"是指产生、出生，"使生（存）"，让自然万物遵循其规律，生生不息。儒家和道家都把道德关怀从人的领域推延到一切生命和自然界。只有尊重自然和生命，才是真正的道德，才是真正的"君子"。

儒家从现实主义的角度出发，强调万物莫贵于人，突出了人在天地间的主体地位，但是在坚持人为贵的立场上，主张人是自然的一部分，对自然界应采取顺从、友善的态度，人在自然界最重要的作用是"参赞化育"。儒家在人与自然的关系中关注的重点是人的道德完善，把万物作为人类道德关怀的对象，体现人的"仁"德，维护好自然的"生生之德"。

道家创始人老子提出的"道常无为而无不为"的生态宣言，成为人类史上最早的超人类中心主义生态伦理观。道家将天、地与人同等对待，进而提出了"道大、天大、地大、人亦大"的生态平等观，以及"天网恢恢"的生态整体观和"知常曰明"的生态爱护观，建构了由"道、天、地、人"构成"四大皆贵"的生态伦理理论。庄子继承了老子的生态伦理思想，提出了"至德之世"的生态道德理想、"物我同一"的生态伦理情怀、"万物不伤"的生态爱护观念。

中国传统生态伦理思想作为东方古代文明的成果，自有其不可替代的理论价值。它们虽然是古代农业文明的产物，带有朴素直观和直觉体悟的色彩，但是它们追求人与自然和谐的生态平衡理想境界，反对破坏自然资源和爱护生态环境的情怀与举措，从生态伦理的角度来分析，其积极因素是多于负面作用的。

（3）"仁爱万物"——可持续发展理念

我国古代思想家认为，自然界一切事物的产生和发展是遵循一定规律的，对自然资源的索取速度不能超过自然界的再生能力。孔子、孟子和荀子等许多先哲已有明确的资源持续利用思想的萌芽，《孟子》《逸周书》《荀子》《吕氏春秋》等都有这方面的记述。儒家倡导"爱人及物"，"仁"是爱人，但五谷禽兽之类，皆可以养人，故"爱"育之，这是"仁民爱物"。道家提出的"爱人利物之谓仁"意指人类既要利用生态资源，又要保持生态资源，更新自然资源，达到永续利用目标，这才是有道德的。老子倡导节俭的生活方式，所谓"知足不辱，知止不殆，可以长久""见素抱朴，少私寡欲""祸莫大于不知足，咎莫大于欲得"，主张追求生命之美和人生境界，不追求物质享受的最大化。庄子也提出"见卵而求时夜，见弹而求鸮炙"，告诫人们不尊重自然规律，就会出现竭泽而渔般的短视。无论是思维方式还是理论本身，"仁爱万物"都表达了中国先民对天（自然）与人的关系的理解，具有鲜明的可持续发展特色。

（二）绿色基础设施的理论基础

随着生态意识的觉醒和生态思想的不断发展及影响，西方发达国家为此进行了诸多有益的探索。城市生态空间的保护与建设无论在理论上还是在实践上都有了新的突破，成为绿色基础设施不断发展与完善的沃土，为绿色基础设施发展提供了丰富的理论和实践基础。

1. 美国的自然规划与保护运动

虽然绿色基础设施概念于 1999 年正式提出，但其核心思想却是起源于 150

多年前美国的自然规划与保护运动。此次运动的开端是奥姆斯特德提出将各个公园及城市开敞空间连接的思想，最初是为了提高居民游憩的可达性和公园景观的连通性和整体性。后来生物学家提出为了保护生物多样性和动植物栖息地，也必须将城市公园、绿地开放空间连接起来，以减少生境破碎化，这也成了绿色基础设施理论形成的主要源泉。

2. 系统论理论

1945 年美籍奥地利生物学家贝塔朗菲《一般系统理论：基础、发展和应用》一书的出版标志着现代系统理论的形成，系统论以抽象的客体系统为研究对象，着重考察系统中整体与部分、结构与功能之间的相互联系、相互作用的共同本质和内在规律，运用数学手段和逻辑学方法，确定适用于所有客体系统的一般原则和方法。贝塔朗菲将系统定义为"相互作用的诸要素的复合体"。系统具有整体性、动态相关性、层次等级性、有序性等属性。从系统的定义可以得出，组成系统要具备三个条件：一是系统必须由两个以上的要素所组成，如元素、部分或环节；二是要素与要素、要素与整体、整体与环境之间，是相互作用和相互联系的，是一个有机的整体；三是系统整体具有明确的功能。

基于系统论人们开始反思在工业时期为解决城市结构和环境问题所采取的措施的正确性，并开始意识到必须依靠一个完善的绿色的系统，而不仅仅是在城市内部建设公园和开放空间，或在城市外围对乡村地区的自然资源进行管理。

绿色基础设施是由相互作用和相互联系的若干组成部分结合而成的整体，它具有各组成部分孤立状态所不具有的整体功能，所以系统论理论适用于绿色基础设施研究，因此，用系统论的方法来指导绿色基础设施的构建，具有普遍的方法论意义。

3. 精明增长和精明保护

20 世纪 90 年代，北美科学家提出了两个城市生态失衡的概念——"精明增长"和"精明保护"。其中，没有对"精明增长"进行明确的定义，不同的组织对其有不同的理解。举个例子来说，在美国环境保护署看来，"精明增长"就是一种注重经济、社区和环境，并且为之服务的一种发展模式。这个模式的特点在于最大限度地使发展和保护的关系得到平衡。而在农田保护主义者看来，"精明增长"就是通过重建现有城镇来保护城镇边缘地带的农田。总体而言，"精明增长"是在提高土地利用效率的基础上，控制城市扩张、保护生态环境、服务经济发展、促进城乡协调发展、提高人民生活质量的发展模式。"精明增长"最直接的目标是控制城市蔓延，其具体目标包括四个方面：一是农地保护；二是环境保护，包括自然生态环境和社会文化环境；三是促进城市经济的繁荣；四是提高城乡居民生活质量。因此，可以看出，"精明增长"模式的实施，有助于促进城市和社会的可持续发展。

"精明保护"需要全系统、多功能、多尺度、跨部门的进行生态保护。它是一种系统的、整体的、多功能的、多调控的、多尺度的保护模式。它强调需要将土地保护需要相互联系起来，并将保护概念融入土地利用规划或城市扩张管理实践中，从而控制城市蔓延，保护土地资源，优先划定需要保护的非建设用地，形成可持续的城市发展形态，因此，它更加注重保护城市边缘农田等空地。并且主张优先划定需要保护的非建设用地来控制城市扩张和保护土地资源。

在这两个概念的基础上，诞生了绿色基础设施的概念，它恰如其分地满足了这两个概念的双重需求。"精明保护"思想是对"精明增长"的一种有益补充。在规划和管理实践中，这两种思想往往结合在一起。绿色基础设施是实现"精明保护"的一种方式，它将发展、基础设施规划和"精明增长"等理念战略性地融入环境保护中。

4. 景观生态学

1939 年，德国地理学家 C.特洛尔提出景观生态学学科，这门学科是一门综合性的学科，主要研究的内容包括景观单元类型构成、空间格局及其与生态过程中与生态过程的相互作用。其中空间格局、生态过程及尺度之间的相互作用是本学科尤其强调的内容。

在景观生态学中，斑块廊道基质理论对城市绿地开发具有重要意义。根据理查德·T.T.福尔曼的说法，斑块、廊道和基底是景观建筑的基本单元。斑块一般是指空间的一部分，其外观或性质与其周围环境不同，但具有一定的内部均质性；廊道是指景观中与周围环境不同的线状或条状结构；基质属于背景结构，也是景观中分布最广、连续性最大的部分。

　　在构建绿色基础设施理论的过程中，景观生态学的两个相关理论为其提供支撑，即岛屿生物地理理论和异质种群动态理论。其中岛屿生物地理学理论表明，当大面积区域出现密集连接的斑块时，这更有可能有助于保护生物多样性；而异质种群动态理论则认为，使用物种交流廊道构建拼凑而成的斑块网络对于物种保护来说，具有更加重要的作用。

　　其中，由生物学家 E.O. 威尔逊和罗伯特·麦克阿瑟提出的"岛屿生物地理理论"是生态网络研究的重要理论基础。该理论的主要研究内容为分析对岛屿物种丰富程度起决定作用的因素，之后被广泛应用于沙漠山地、孤立雨林，以及建设用地包围的破碎生物栖息地等各种较为孤立的自然资源内物种数量情况，目前这方面的理论多用于分析非生态系统包围下的生态空间。将该理论应用于城市绿地系统规划设计时，应遵循相同面积的城市绿地集中成片分布，比独立分散分布能够容纳更多种类生物的原则，孤立生境间的连接通廊是保证物种迁徙和保护其多样性的有利途径。

5. 城市生态学

　　城市生态学是一门基于生态学的概念、理论和方法研究城市结构、功能和动态调节的学科，既属于生态学的重要领域，也是城市研究的重要领域。城市生态学是一门研究城市及其群体的创造和发展与自然、资源和环境之间相互作用的过程和规律的科学。城市生态学将城市视为一个生态系统，研究内容包括其形态结构、系统各组成部分之间的关系、城市中的物质流动、能量代谢、信息流通等，以及它们与人类活动的相互作用的过程，不仅如此，还包括在此过程中，所引起的格局的变化。城市生态学主要的目的是根据整体、综合有机体等观点，以系统思维的方式进行深入的研究，并且解决城市生态环境的问题。

　　城市生态系统是指城市空间内的人、人造环境和自然相互作用而形成的统一体，是一个复合的人工生态系统。城市生态系统是一个开放的、非自律生态系统，其自身的新陈代谢无法在有限的城市空间内完成，而是必须依靠城市周边空间的支持和协助，通过不断地将"营养物质"从外带入，同时将城市消耗不完的代谢物消耗掉，从而使城市的新陈代谢实现动态平衡。

6. 景观都市主义

从 20 世纪下半叶开始，伴随着对产业结构的调整、全球化和信息化的迅猛发展，传统工业经济不断衰败，世界上主要发达国家相继进入后工业时代。人们的生活方式、建筑和城市的形态也随之发生了深刻的变化，可以归纳为以下特点：高度变化的流动性，无中心化与等级消失，既集中又分散，间断不连续，混杂的功能分区，水平延伸等。这一变化被塞德里克·普莱斯比喻为从煮蛋、煎蛋再到炒蛋的过程，他形象地将历史上几种城市形态类型描述为：有着传统的、稠密的肌理的"煮蛋"城市；铁路延伸城市的边界，加速的线性时空廊道向外延伸的"煎蛋"城市；当前所有基质以颗粒状均匀分布，或一个连续网络中的独立体横跨整个景观的"炒蛋"城市，也就是从核加边缘模式转变成了基质模式。

面对这样的社会变化，现代主义的功能分区无力创造"有意义""宜居"的公共空间来满足各层次群体的交流，后现代主义的历史借鉴也并不能解决工业转型过程中"去中心化"问题，这些以建筑学为基础的传统城市设计理论和方法，在面对城市发展所致的日益复杂的问题与矛盾面前似乎都显得苍白无力，亟须一种以生态原理为基础，综合、统筹的新途径加以应对。在这样的时代背景下，景观都市主义应运而生，它是在对于城市的客观发展态势和现行城市设计的主观意识走向进行深入反思后，对建筑都市主义提出的挑战。查尔斯·瓦尔德海姆是景观都市主义的创始人。20 世纪 80 年代，查尔斯在美国宾夕法尼亚大学学习期间深受詹姆斯·科纳和麦克哈格的影响，将詹姆斯的城市设计思想和麦克哈格的生态理念融入到他对未来景观发展方向的研究和思考中。

"景观都市主义"理论经历了漫长的孕育、诞生和发展过程。直到 19 世纪 20 年代的时候，才正式作为专业术语出现。1997 年 3 月，时任多伦多大学建筑、景观与设计学院副院长的查尔斯，在他组织的一次研讨会上，首次将"landscape"和"urbanism"这两个看似不相关的词语合并在一起，创造了"landscape urbanism"一词，旨在用来描述城市规划和设计领域对城市空间构成的重新思考，即建筑不再是城市发展的基本单元，构成城市基本单元的是景观。

景观都市主义标志着一个新的设计领域的诞生，它的兴起迫使景观设计师沉浸在"田园风光"的设计理念中，他们设计的时候，不再拘泥于城市规划和建筑设计留下的剩余空间，而是主动跨出传统景观设计的范畴，在城市规划和建筑设计中进行更多的设计实践，以景观代替建筑作为城市研究和实践的重要工具和载体。1998 年，有研究者提出，建筑不再是城市布局的主要元素，城市秩序逐渐由植物组成的薄薄的水平平面定义，因此，景观成为主要元素城市布局的首要元素。景观都市主义在城市演进过程中寻求引入和确立景观的重要地位，希望能够克服传统城市规划设计方法的局限，将城市发展和自然演替融入可持续的景观生态系统中。景观都市主义的思想内涵包罗万象，主要可以概括为以下几个方面：

（1）整体而动态的时空生态理念：景观都市主义的基本理念之一是整体而动态的生态思想。相较于景观生态学的先驱麦克哈格的生态观，景观都市主义强调的是整体而动态的时空生态理念。景观都市主义认为当代城市是一个自然过程，和人工过程共同作用、不断演进、动态而整体的景观生态系统。詹姆斯·科纳提出"时空生态学"，用来处理在城市领域中运作的所有力量和因素（文化、社会、政治和经济环境以及自然中的动态关系和过程因子），他认为要将它们视为相互联系、共同作用形成的统一且连续的网络。景观都市主义在长期考虑和可持续发展的基础之上，将自然生态过程和人工过程整合为一，城市空间发展与自然演进过程共同作用，相互契合。

（2）水平流动与蔓延：20 世纪后半叶的社会结构的明显改变是从垂直转向水平，城市秩序越来越体现在一片薄而水平向的生长平面上，即景观。当代城市作为一个整体，社会结构从分级的、中心化的、有权威的组织转向多中心的、互联的、蔓延的结构状态转变。水平表面是组织的底层，汇聚、散布和浓缩了所有在其上运作的力量。景观都市主义认为水平性是当代城市的基本结构特征，水平表层结构是景观都市主义的关注重点之一。这个观点成为它发展属于自己的分析工具和形态生成工具等的重要基础。

（3）自然过程重于形态：景观的产生是一个发展的过程，可以理解为一个不断发展的过程。景观作为名词是静态的，但作为动词表示过程或活动时，是动态的。景观都市主义设计的基本形式是自然过程，在设计中，它充分尊重场地的自然演化过程，以场地的演化肌理为基础，使设计师受到启发，从而影响设计师的构图。

（4）景观形成基础设施网络：景观都市主义强调基础设施对城市形态和城市空间的重要性。这里说的基础设施主要包括道路、机场、车站、高架桥、停车场、给排水系统等。除此之外，还包括蓄水地、林地、河道等功能性对象，以及节点、编码、规则等非物质要素。景观都市主义不仅关注基础设施对城市形态的影响，而且试图将其系统和网络作为城市形态生成和演变的基本框架。通过为未来的土地使用准备基础设施网络，为市区未来时间过程的各种变化提供可能的支持。

（5）综合技术与方法：景观都市主义强调学科的交叉与综合，认为多种设计技术应综合运用。景观都市主义主张重新思考传统的概念和操作方法。景观都市主义首次将建筑、城市设计、景观和市政工程等学科结合起来，回应了现代城市状况，这一回应比较令人信服，并且展现了人们对现代消费文化的全新诠释。使得景观都市主义与过去的景观设计区分开来，前者强调实践性，如巴黎拉·维莱特公园、纽约高线公园等，将它和以往曾经出现过的一些关于城市的乌托邦区别了开来；而后者旨在创造"如画"的愿景。

7. 协同学理论

20世纪70年代德国物理学家哈肯创立了协同学理论，协同学是研究不同事物的共同特征及其协同机制的学科。该理论研究各元素如何协作并形成系统、有序的空间、时间和功能结构，即从混沌的无序状态到自序的自组织状态的过程所遵循的共同规律。客观世界存在着众多的系统，系统的状态分为"有序"和"无序"。如果在一个系统中，其包含众多要素，这些要素之间处于相互离散的状态，不能有效协调，那么系统就会杂乱无章，无法发挥整体功能，甚至支离破碎。反过来讲，如果在一个系统中，存在众多要素，而这些要素相互协调、同步，则系统就会处于整体自组织状态，可以作为一个整体正常发挥作用，即可以产生协同效应。

绿色基础设施是由各种要素相互作用而形成的完整有机体，具有单个要素所不具有的整体结构和功能。在基于绿色基础设施理论的绿地生态网络构建过程中引入协同学理论，有助于在时间和空间的动态过程中协调整体和各要素的关系，以达到绿地网络整体功能的最优化目标。

8. 城乡一体化思想

霍华德提出了园林城市理论中的市区、永久绿地和农地，他认为城乡各有优劣，"城市乡村一体化"模式可以相得益彰，规避城市和乡村各自的弊端。美国城市理论家芒福德指出，城乡不能完全分开，城乡同等重要，城乡要有机结合。管理城乡关系是世界各国城市面临的共同挑战。研究表明，大多数发达国家的城乡关系发展一般经历六个阶段：即农村孕育城市；城乡分离；城市主导和剥夺乡村、城乡对立；城市辐射乡村；城市反哺乡村，乡村对城市产生逆向辐射；城乡互助共荣与融合。在中国长期的历史中，城乡隔离发展模式，一直占主导地位，使得我国城市规划过程中的各种经济社会矛盾日益突出，城乡一体化的理念逐渐受到关注。

城乡绿化一体化是基于城乡一体化的思想，统筹规划和布局城乡内的绿色空间。绿地生态网络的理念打破行政区划界限，强调连通的重要性，在自然环境中统一布局和规划生态绿色空间，并且形成有机的网络体系。

二、绿色基础设施的概念及发展

绿色基础设施源于 150 多年前美国自然规划和保护运动中倡导的两个理念：一是连接公园和其他绿地以方便居民；二是保护和整合自然区域，以保护生物多样性并防止栖息地破碎化。绿色基础设施理念下的公园最早的原型可以追溯到 19 世纪 50 年代的一个城市公园，其初始形成阶段就是借助了 20 世纪 60 年代到 90 年代的生态保护运动的契机。1990 年以来，绿色基础设施研究实践进入快速发展阶段，呈现多领域协调发展、多区域分布广泛的特点。

（一）绿色基础设施的提出及发展演化

19 世纪，西方社会大规模工业生产带来的环境反应，使人们面临重大生态危机，人们的生活环境质量急剧恶化。第二次世界大战之后，美国城市化和自由放任郊区化的兴起导致城市发生畸形蔓延，城市土地被过度消耗，生态系统失衡。北美学者在 20 世纪 90 年代开始考虑这种不受控制的城市增长模式，提出"精明增长"和"增长管理"的概念，以规范土地开发活动，获取空间增长的综合效益。"精明保护"是与"精明增长"相反的概念，它是指需要从系统的、统一的、多功能的、多尺度的、跨部门的层面进行生态保护。因此，绿色基础设施规划源于

"精明增长"和"精明保护"的双重目标。

绿色基础设施规划伴随着众多的理论与实践的形成与发生过程，其概念在欧美国家不断发展演化，内容更加丰富，体系更加完整。总体来说，连通性、复合性、整体性、多样性、自适应性是其基本特征。绿色基础设施的发展大致可分为以下三个阶段：

第一阶段，19世纪50年代城市公园的出现，就是绿色基础设施早期萌芽阶段。这一时期的目标是服务于公共休闲和审美，改善公共环境，主要面向公园和开放空间系统，采用景观设计和城市设计学科的定性方法。事实上，这一时期的绿色基础设施规划缺乏科学系统的理论和方法。

第二阶段，20世纪60年后生态保护运动的出现是绿色基础设施初步形成阶段。这一时期生态学、生态规划和景观生态学的理论方法不断发展，形成了以生物保护和生态系统保护为主要内容的生物廊道概念，与此同时，也形成生态网络的概念。除此之外，还形成了一些科学的方法，如逐渐形成生态学、景观生态学、生态规划等。人与生物圈计划是这一阶段的标志。

第三阶段，20世纪90年代以来是绿色基础设施快速发展阶段。这一阶段最显著的特征就是绿色基础设施在多个领域得到了快速发展。在这一时期，土地保护、精明增长、绿道、低影响开发和河流恢复等领域共同推动了绿色基础设施的发展，不仅如此，还促使绿色基础设施成为明确的概念共识，相关研究和实践也得到了快速和广泛的发展。2000年以后，绿色基础设施在欧盟、加拿大、中国等地广泛传播。

（二）绿色基础设施的概念

1999年由美国的保护基金和农林管理局共同组成的"绿色基础设施工作小组"提出了绿色基础设施的首个定义：它是一个相互连接的网络，由水体、湿地、森林、农场、牧场、荒野、野生动物栖息地等自然区域和开敞空间所组成，维持原生物种、自然生态过程、保护空气与水资源以及提高社区和民众的生活质量，这个绿色的网络为人类提供生命的支撑与保障，美国人又称之为"国家的自然生命支持系统"。这个系统由城市、城市周边、城市之间，甚至所有空间尺度上的一切自然、半自然和人工的多功能生态网络总体组合而成，并足以保证环境、社会与经济可持续发展。并且绿色基础设施具有多层次性，从国土范围内的宏观生态保护网络到街边的雨水、花园，甚至于一棵树都是系统的组成部分。它的生态框架突破了行政和地域的限制，打破了藩篱，包含了所有的公共的、私人的生物绿色空间，并强调它们之间的联系性。

绿色基础设施概念的提出是为了将城市绿色空间构建为一个整体化的网络系统，至今它的定义仍是开放性的，其基本框架是"社区赖以持续发展的基础或潜在根基，特别是在基本设备和设施方面"，以此为基本出发点，面对不同人、事、物，就会产生许多可用的定义。因此，在美国保护基金和农林管理局提出首个绿色基础设施概念后，各国学者和组织也根据自己的理解提出了各自对其的概念总结。

在这个基本框架之下，面对不同人、事、物，就会产生许多可用的定义。其实，对于"绿色基础设施"可以从不同的角度来理解和阐述。

第一，绿色基础设施可以分别用名词和形容词来描述。当绿色基础设施用作名词时，它是指由相互连接的自然区域和其他开放空间组成的绿色空间网络，包括自然区域、公共和私人保护区、具有保护价值的生产性土地和其他保护区。开放空间的保护网络可以保持自然资源的价值和功能，支持人类、动植物的生存所需，因此必然会受到规划和管制。当绿色基础设施用作形容词时，该概念是一种系统的、战略性的土地保护方法，它提供了一种机制来平衡国家、地区和地方范围内多种利益的需求。基于土地保护的优先事项，这一机制可以为未来的土地开发、城市发展和土地保护决策提供系统框架。其关注的重点在于推动和引导土地利用规划和有益于自然和人类的实际项目。

第二，绿色基础设施可以分别从策略、空间和技术三个方面来理解：第一，从策略方面来看，绿色基础设施是一个具有系统化、战略性特征的关于土地优先保护的方法，该方法提供了一种可以平衡土地开发与保护、城市蔓延与控制、区域绿色空间的构建与保护、人文历史廊道与休闲游憩网络的构建等多方利益需求的系统性框架，着重于对有利于自然和人类的土地利用的实践项目进行鼓励引导；第二，从空间上来看，绿色基础设施指的是一个自然区域——具有保护价值的生产性土地，以及其他受保护的开放空间组成的网络，该网络在规划、建设、作用和管理的层面，均具有法定的效力，以确保其在保护自然资源、维持人类和动植物的生存的功能和价值的实现；第三，从技术方面来看，是生态化的基础设施，将生态化方法与技术运用于新城绿地网络的构建与建设，确保以绿地为载体的绿色基础设施的效益的充分发挥。

（三）绿色基础设施的研究综述

1. 国外研究综述

国外绿色基础设施研究主要集中在生物学、环境科学、资源科学、人类学、社会学、土壤学、生态学、农业、景观、城乡规划等学科领域，包括政府专门部门、大学学术机构、非政府组织，以及公众参与的非政府研究团体等。研究主要体现在以下几个方向：

第一，绿色基础设施作为环境可持续和城乡协调发展的重点政策来讲，不仅涉及绿色基础设施的概念、绿色基础设施的发展，还涉及绿色基础设施物质要素的构成，绿色基础设施结构、功能评价与绩效评价，绿色食品规划、绿色城市设计、都市农业发展、城市森林系统和其他方面的研究。

第二，将绿色基础设施作为环境治理、环境保护等技术工程项目的研究项目，如雨洪管理、雨水收集系统、绿色道路工程建设、绿色基础设施成本评估体系、生物活动与绿色基础设施之间的关系，以及具体的生态修复技术等。

第三，英国绿色基础设施相关研究将绿色基础设施与人文生态系统进行对接性研究（包括人类身心健康、幸福感与绿色基础设施关系方面）。关于绿色基础设施与人类健康的研究可分为其对个体身心健康的影响和对公众健康的影响。

第四，瑞典正在将绿色基础设施系统与国家环境目标的确立和城乡共生生态学理论相结合进行多学科研究。

第五，绿色基础设施的公众意识和公众参与。从研究和经验来看，主要有以下几种：首先，在州一级建设绿色基础设施是美国环境景观的重要组成部分。与此同时，美国正在威斯康星州、宾夕法尼亚州和新英格兰州规划城乡绿道系统，形成多尺度、多层次的绿道系统，已成为国家空间利用、生态网络建设和防灾系统的重要组成部分。其次，在城乡尺度层面，英国大伦敦地区、法国大巴黎地区、俄罗斯莫斯科地区、美国华盛顿地区、费城大都市区、巴尔的摩地区等都已成为城乡生态网络、安全格局、绿色通道体系和用于防灾减灾的绿地生态体系的先行者。防灾减灾。其中，德国南部城乡生态网络的建设与安全格局实例最具特色，其在多元城乡组合的区域空间中，形成了预防和减少灾害的生态安全体系，并且具有中央绿地特征。再次，城乡绿色通道体系建设方面，最具代表性的就是有华盛顿的波托马克河、沃辛顿河谷、里士满林园大道以及高速公路、公园路等的研究，这些都是自然生态廊道和道路绿色通道设施。其中研究者通过观察美国北卡罗来纳州的鸟类在捕食哺乳动物时的行为，研究了鸟类保护与生态廊道宽度、廊道外围用地类型、廊道内人类居住模式的关系后，就鸟类保护生态廊道的宽度提出建议；美国新英格兰绿地生态网络规划旨在打造互联互通的、多尺度（新英格兰区域尺度、城市尺度、场地尺度）的绿地生态网络体系。研究者以野生动物保护廊道和网络为框架，规划了一个综合性的城市绿地生态网络体系。

从国际研究与应用来看，在理论方面，绿色基础设施理念还处在一个不断发展的过程之中，其理论观点尚不统一与成熟，不断有新的思想、观点应运而生，缺乏理论体系的总结与完善。在实践领域，虽然有一些成功案例，但大多数方案是各个州和城乡地区依赖于各自情况开展完全独立地研究和技术应用，缺乏统一的技术应用与推广的行业标准和规范。

2. 国内研究综述

国内对于绿色基础设施的研究较早见于 21 世纪初，早期的研究主要来源于对国外专著和文献的翻译与整理，后期的研究则逐渐结合了中国的建设实践，提出了我国绿色基础设施建设的对策和方法。

"绿色基础设施"研究主要体现在以下几个主要方向：第一，绿色基础设施概念、发展、功能、原则、规划方法、设计策略等方面的研究；第二，绿色基础设施与生态安全格局方面的研究；第三，绿色基础设施在生物多样性保护和控制城市蔓延方面的研究；第四，国外绿色基础设施的实践与构建技术研究；第五，绿色基础设施在雨洪管理方面的作用研究；第六，绿色基础设施与新型城市化方面的研究；第七，绿色基础设施与绿地规划方面的研究；第八，绿色基础设施的生态系统服务评估。从研究与实践的尺度来看，主要包括国家层面、区域层面、城（镇）层面及场地层面。

总的来说，我国在绿色基础设施的研究方面，在内涵和外延的理解上还比较模糊，研究内容更侧重于城市和区域层面的概念、理论和方法框架，研究方法以定性研究为主，而且是以单学科的角度进行研究。虽然初步形成了以生态基础设施为代表的理论体系，但绿色基础设施的发展仍处于起步阶段，已然存在诸多问题，主要分析如下。

（1）细分度低，近似度高

在我国，对于绿色基础设施的研究，存在的一个问题就是研究的细分度低，近似度高。具体来讲，我国在绿色基础设施领域的研究还处于研究理论方法的初期，分工度和研究深度都不高。地方绿色基础设施研究主要来自景观规划、风景园林、景观生态学等学科，另外还有少量的环境工程、市政工程、水文、水资源等方面的研究。研究主要侧重于回顾绿色基础设施的概念和发展历史，介绍国内外理论和实践，探索空间规划和评估方法等。因此，研究方向比较相似。就目前看来，我国在国际前沿的细分领域的研究还不够深入，比如在人体健康、气候变化、空气质量、公众参与等领域缺乏深入的研究。

（2）科学、工程和设计的交叉协作不足

绿色基础设施是一个由多学科发展而来的跨尺度、多功能的应用领域。因此，科学研究、工程技术和设计实践之间的密切关系对于绿色基础设施来说尤为重要。就目前而言，我国在这方面还存在不足，其中包括：科学研究不应对现实问题；在工程技术方面没有进行综合目标的总体规划；在设计应用领域缺乏专业的技术支持。

在我国的绿色基础设施研究中，虽然各学科有着各自学科鲜明的特点，但是由于缺乏各个领域之间的交叉合作，因此，存在明显的问题。在进行城市规划、风景园林等人居环境研究中，研究者擅长用定性的方法将人与生态价值联系起来以进行空间设计，但缺乏定量研究和专业技术支撑。而在景观生态学领域，研究者往往更擅长通过空间模型判断和构建完整、连续的宏观网络模型，但却不太重视模型的内在品质，并且理论模型仍缺乏实证支持。在环境科学方面，研究者在量化具体问题时往往利用实验和模型来实现，但缺乏空间应对策略。在生态修复、环境工程、市政工程等领域，研究者则更擅长绿色工程技术，而对绿色基础设施的多重价值和综合目标的认识和统筹相对缺乏。

（3）对绩效评估及其标准研究较少

国内绿色基础设施实践普遍存在两种趋势：一是应用单目标的绿色技术，不仅缺少人文价值，而且往往缺乏审美价值，更不具备参与性；二是生态效益难以量化的"生态花瓶"，如一些表面看着非常美丽的城市湿地公园，其实际上很可能是引水绕流、破坏生态的耗水工程。因此，生态与人文的综合价值是绿色基础设施的一个关键特征，绿色基础设施的内涵既包括人文，也包括生态，缺一不可，两者同等重要，不可偏颇于任何一方。就目前而言，在供给、调节、支持、文化、健康等方面全面衡量生态系统服务的综合绩效评估的研究还很少。

（4）对人文领域的研究干预不足

国内绿色基础设施研究在人文、公众参与、运行机制和制度保障等方面的研究要加强。绿色基础设施不是简单的绿色工程，其重要属性是技术层面的文化价值、社会价值和经济价值。目前，我国缺乏对绿色基础设施的文化、公众参与、运营模式、管理政策和制度规定等方面的研究，并且研究人员也比较有限，而有限的研究人员大多以自然科学背景为切入点，并在该领域进行绿色基础设施的研究。而社会学和经济学领域中，却缺乏绿色基础设施的研究。

在实践方面，尽管近年来生态规划设计蓬勃发展，但真正能够系统地将自然生态过程与城市规划深入紧密整合，充分发挥生态系统的生态服务和调节功能，形成一种满足可持续性发展的城市生态规划设计的实践仍然是不多见的，绿色基础设施理念介入的城乡规划设计的大部分实践不过是事后补救或附属点缀，城乡环境质量、生态质量和应变性并不尽如人意。

纵观国内外关于绿色基础设施的研究成果，对绿色基础设施思想的研究均呈现为独立的、片段式的，尚未形成完整的、系统的研究理论和方法论。目前已有的研究成果，就个体而言都足够清晰和充分，但并不能形成完整的体系，而研究整体性的缺失必然会影响整个研究体系的确立。

三、绿色基础设施的构成

（一）绿色基础设施的空间构成

在空间体系上，绿色基础设施是由网络中心和连接廊道构成的自然、半自然和人工化绿色空间网络体系。

在多种自然过程中，网络中心可以说是"锚"，为植物以及野生动植物提供目的地或者起源地，对各式各样的自然过程的发生起着承载作用。网络中心主要包含：一是保留地，保护具有重要生态特征的区域的保护地，包括野生区域，特别是其原生状态的土地；二是本土景观，土地归人民所有，例如具有自然和休闲价值的国家森林；三是生产场地，私有生产用地包括农场、林业等；四是循环土地，因国家或个人过度使用而受到严重破坏的土地，进行开垦后循环利用的土地，比如对矿地、垃圾场或部分棕地开展改良，进而形成优良环境；五是公共空间，各个国家、州、地区、县和私人区域等尽可能保护自然资源或休闲区，包括城市公园、郊外活动空间等。

连接廊道是用于连接不同中心控制点的纽带，这些纽带通过连接和整合系统，可以达到促进生态过程流动的目的。连通性是整个绿色基础设施网络体系的关键，连接廊道作为连接系统的桥梁，有助于维持生物过程，以及保障物种多样性，根据连接廊道的内容，可将连接分为功能性自然系统的连接和支撑性社会功能的连接。

1.功能性自然系统的连接

（1）公园、自然遗留地、湿地、岸线等的衔接能够通过形成自然的网络结构来维持生态平衡的发展过程，强调整体的生态效应。

（2）保护廊道是野生动物的生物通道，并具有娱乐功能的线性区域，例如绿道、河流或线性湖泊的缓冲区。

（3）绿化带是具有发展结构功能的生产性绿地，可用于分隔为维护当地生态系统而保留的自然土地，如农业用地保护区、牧场等，以及相邻的土地。目的是保护周边土地和自然景观。

（4）景观连接体。连接野生动物和植物保护区、管理和生产土地、农田等。能够为当地动植物的生长和繁衍提供充足的空间。

2. 支撑性社会功能的连接

这些连接体除了保护当地生态环境外，还可能是当地文化和社会要素的承载体，发挥连接社会功能的个体和组织的功能。比如，为了保护历史资源，而为其提供的空间；为了进一步完善城市的社会和经济等职能，在社区或者居民经常活动区域进行休闲娱乐空间的设置，如绿色通道等。

连接廊道和网络中心的相互连接性，是确保生态功能和野生生物的散布通道的关键所在，并且对景观连接度和美景度而言也是非常重要的。对于自然过程的维持而言，需要由构成绿色基础设施的网络中心和廊道共同完成，而且随着保护资源尺度、类型和等级的变化，这些网络中心和廊道的形态及尺度等也会随之改变。对于资源而言，其需要维护的程度主要依托组成部分的自然特征的生态稀缺性。与此同时，对于人类同自然彼此间的交互作用的适宜性程度来说，环境对活动的敏感性尤为重要。

（二）绿色基础设施的物质构成

从物质构成上来看，绿色基础设施由多种物质类型组成，主要包括以下方面：

一是原始自然绿色空间。具体的绿色基础设施要素包括山地森林、天然湖泊和河流、海洋、天然湿地、天然沼泽、沙漠、野生动物迁徙走廊、高原、草原和一系列自然系统。并且这些自然系统是自生的，几乎无人为干预的自然绿地。

二是以自然元素为主的绿绿色空间。特殊的绿色基础设施要素包括郊野公园、国家公园、生态绿地、蓝道、人工湿地、农田、牧场、林场、乡村牧场、池塘、防护林、乡村道路等。这些绿色空间主要是自然元素占主导，以人工元素为辅的。另外，这些绿色空间为人们休闲、娱乐、运动提供场所。但是值得注意的是，这些绿色空间是定量为人们的休闲、娱乐、运动提供空间的，并不是无限的。

三是半自然半人工绿化空间。具体的绿色基础设施要素包括城市和城镇公园系统，城市农场，社区菜园，城市花田、花园，城市绿道，社区绿道，城市蓝道等。这些绿色空间发挥服务功能，主要为人们提供自然、人文的休闲体育活动场所。

四是人工元素主导绿色空间，具体的绿色基础设施元素包括绿色屋顶、绿色墙壁、绿色街道、雨水收集系统、户外游乐场和户外青少年运动场地等，这些都是从灰色基础设施、建筑物、构筑物和公共设施延伸的绿色空间。此外，还包括生态社区、生态城市绿色生活中心、社区服务中心、绿色生态科技中心、绿色生活信息咨询中心等多个绿色文化场所。并且这些文化场所不仅具有人文地标，而且还受到自然原色的辅助，是一些"绿色中心"。

四、绿色基础设施的尺度划分

在景观生态学研究中，尺度是一个基础概念，它反映了研究对象的空间或时间量度，尺度在不同区域所关注的绿色基础设施的等级、规模、类别上都有一些差异。通过尺度分析，不仅可以从景观生态学的基本概念和原理上对空间上的区域景观进行合理分类和分析，还可以将城市、郊区和沙漠景观联系起来，将绿地要素放在区域、地方、社区乃至宗地尺度上进行解析，从而使规划更具针对性和功能性，一般而言，绿色基础设施大致可以分为以下三个层次：

（1）区域和地区层面：绿色基础设施支持重要的生态系统功能，包括国家公园、海岸线、主要河流走廊、长距离步道等。战略环境资本可以在这个层面上被体现出来，包括自然资源，如碳汇、水系统和栖息地系统；文化资源，如国家公园。

（2）地区或城区层面：绿色基础设施在城市尺度方面形成了一个开放空间网络，主要构成包括郊野公园或森林公园地方自然保护区、当地自然保护区和重要的河流走廊、重要的休闲路线、水库、水体和大型湿地以及具有绿色基础设施潜力的生产性农场和林地，这些都是重要的公共大型公园和保护区。这种规模的绿色基础设施的主要作用是从质量上提高该地区的生态完整性，提供适当和充足的绿色空间和多功能路线和路径，以达到娱乐、美化和保护的作用。

（3）社区邻里层面：绿色基础设施的综合功能同样对生命的自然进程的重要性也显而易见，其主要组成部分包括城市公园、社区花园、街景、私家花园、墓地、小型水体和溪流、屋顶花园等。在这个层面上，建设绿色基础设施的主要目的是改善居民生活品质、生活空间品质和生活环境的质量。举个例子来讲，行道树的种植和管理，促进私人花园的积极使用，是绿色基础设施建设的一个关键目标，因为它们在整个系统中的累积效应可能很大。

因此，在规划绿色基础设施之前，通常需要分析景观规模，确定适合该规划规模的绿色基础设施类型。

五、绿色基础设施的功能

在当前土地资源稀缺、城镇地域的空间扩张迅猛的普遍背景下，绿色基础设施主要针对自然系统的生态、经济效益以及社会效益的转化展开探寻，进而希望能够实现以传统维护作为前提基础，最终制造出可持续同时更为高效的土地运用以及发展模式。

绿色基础设施功能主要包括净化空气和水、减轻涝灾、对废弃物进行解毒和分解、维持土壤的更新和肥力、帮助植物和原生植被的授粉和种子传播、防治和控制病虫害、调节气候、保护人类文化遗产、为人们提供娱乐和教育场所、保护和维持生物多样性、维护生态系统产品的生产和物质循环。此外，绿色基础设施的功能还包含了娱乐、公共权力、生物多样性、自然风景和乡镇景观和可持续能源利用与生产等方面，在面临解决以下城市问题中起到了重要作用。

1. 对城市空间结构合理发展起到促进作用

绿色基础设施是极其重要的公共设施，是系统性的、大范围的规划，通过与经济发展规划、交通规划等公共政策的良好协调与融合，可以在城市内外空间结构的调整方面起重要作用，比如为了满足人口增长的需求，大幅度开发住房，从而实现城区结构和功能的健康发展。

2. 实现绿色空间的多功能性

一个绿色基础设施网络必须包含多种类型，才能为各个年龄段的人们提供服务。因此，只要拥有这样一个维护良好的网络，就会使得绿色基础设施的多功能性得到提高。举个例子来说，设置绿道和非机动车道，以此来向公众强调健康、安全，以及满足交通需求。

3. 可持续资源管理

绿色基础设施在可持续资源管理中的作用包括粮食和能源供应、污染控制、气候改善、洪水风险管理等。这样的例子有很多，在荷兰，由于海平面上升和降雨量增加，许多城市面临洪水风险。为防灾、蓄积雨水，城市不得不建设更多的水体或水库，拓宽河道或增加辅助河道。在澳大利亚，在风景园林设计中开始实行水敏性城市设计的理念，具体来讲，就是雨水经过收集、过滤、净化和储存并最终得到利用。综上所述，这些绿色基础设施的生态服务，实际上是实现可持续资源管理的途径。

4. 维持生态过程和生物多样性

大多数国家土地保护计划都比较注重保护个体栖息地、自然保护区或其他具有重要自然或文化资源的孤立地区。但如果这些公园和保护区被孤立起来，生态过程就无法发挥最大作用，野生动物种群就无法繁衍。因此，这些"孤岛"也就无法得到完善和保护。绿色基础设施的建设正是针对这些"孤岛"面临的问题而进行的，它能够使这些"孤岛"连成"网络"，这些"网络"在重要生态过程和野生动物种群健康方面发挥着不可或缺的生态作用。

5. 提升景观品质

绿色基础设施还可以从审美、体验和功能等方面提升资源环境的视觉品质，提升环境的景观价值。

六、绿色基础设施的内涵

绿色基础设施的内涵体现在对生态过程和生态格局的极大尊重上，它更加强调人与自然的平等地位，认为在满足人口增长而带来的空间与物质需求呈几何级数增长的同时，也应该满足其他生物生存的需要。因为它们与人类是共生共存的关系，其他生物消亡了，人类也就灭亡了。因此，为了人类更好的明天，要对空间环境予以更好地保护和维护，进而增加自然对生命的持续供给以及支撑能力，进而实现环境、社会、经济等相关综合效益。具体表现如下。

（1）在环境层面上：绿色基础设施的绿色生态网络可以维持自然生态的过程，保护人类赖以生存的空气、水和食物不受有害污染物质的危害，并且在固土防风、固碳汇碳、蓄积雨水地表径流、减轻自然地质灾害等方面发挥重要的保护与支撑功能。

（2）在生物多样性保护层面上：绿色基础设施的实施能够控制城市的蔓延和无序发展，使得土地利用与开发更加科学合理，土地的利用效率得到极大提高，减缓生物栖息地的破碎化及其退化和消失的趋势，通过重建网络空间将破碎的栖息地斑块进行重新连接，并加强保护重要的关键生态廊道，使生物物质流动得以畅通，最终使生物多样性得到最有效的保护。

（3）在经济层面上：绿色基础设施本身就具有生物生产和提供食物的功能，并且其自然的生长、进化的过程，可以同时有效减少城市中灰色基础设施的投入，再加之其优美的景观效果也可促进休闲游憩活动的开展，可为地方经济带来活力。

（4）在文化层面上：绿色基础设施网络可以连接各个公园、绿地、森林、湿地、风景区、历史文化遗产等，为人们提供游憩空间，承载文化的保护与传播功能。

（5）在社会层面上：绿色基础设施的构建离不开大众生态意识的觉醒，当人人都能和自然建立友好相处的和谐关系后，就能促进公众的绿色生活方式，使生态、环保的理念一直持续下去，这将对我们的社会产生深远的影响，可以说是功在当今、利在千秋。基于上述对绿色基础设施的内涵解析，可以大致将其分为生物栖息地系统、低碳化交通系统、社区游憩系统、可持续水系统、生态化防灾系统和绿色能源设施系统。

七、绿色基础设施的特征

（一）城乡区域一体化

绿色基础设施研究体现出区域性研究的特点，以平衡和协调开发与环境保护为本质，区域性、城乡整体控制的可持续发展是其发展趋势。

（二）要素多元化

绿色基础设施的研究并不局限于城市或城镇建成区内的绿地系统，而是涵盖自然、人文生态系统的各层面要素，包括以自然生态为主要研究对象的生态基础设施，以人文生态系统为依托的城乡绿色开放空间网络体系，不再仅仅是绿心、绿带、绿道等，而是由单纯的自然生态系统转向人文生态系统方面的研究。

（三）层次体系化

多层次、多层面、多尺度的研究角度是绿色基础设施的总体特征，一般包括宏观城乡区域层面、中观城市、乡镇层面以及微观的社区层面等，具有多功能、多尺度、多层次性，既是为了满足人类的需求，同时也须满足其他生物的需求，从而产生不同的效益。

（四）主动性和长期性

绿色基础设施为人们提供多种功能性服务，在对其进行规划的时候，要注意根据其自身的战略和原则进行，这是一项对城市生态环境具有前瞻性引导作用的举措，而不是简单地锦上添花。然而这项举措不是短期内就能看到效果的，而是需要经历一个长期的过程，在长期经营下才能达到既定的目标。

（五）可持续性与弹性

绿色基础设施是自然生态系统、半自然生态系统和人工生态系统组成的在空间上稳定、在时间上可持续的综合设施。通过建立绿色基础设施网络体系，调整不同时期、不同环境功能的需求，以实现可持续发展和稳定增长。

八、绿色基础设施的规划原则与方法

（一）绿色基础设施的规划原则

绿色基础设施所强调的是凭借策略性的空间框架的建设，提供能够帮助城市积极发展的机会，进而有助于土地的永续和可持续利用。对于绿色基础设施的定位而言，欧美发达国家将其看作为战略性地维护框架，并且提出了诸多规划原则。

欧美学者归纳了绿色基础设施规划的十个原理：第一，保障连通性是关键；第二，强调绿色基础设施与周围环境的生态联系；第三，应以合理的科学和土地利用规划理论和实践为构建基础；第四，由于绿色基础设施是生态保护和发展的框架，因此，满足精明保护与精明增长的要求是首要条件；第五，绿色基础设施规划应具有优先权，于土地的开发之前进行才能有效保护绿色资源；第六，绿色基础设施规划应基于自然和人类的"双赢"；第七，要充分考虑土地相关利益者以及所有者的意愿以及需求；第八，要以形成多目标和跨尺度的生态保护网络为目标，建立充分的各层次内部及各层次间的联系；第九，规划、实施与目标实现具有长期性，不能因政策和人为因素而随意改变；第十，绿色基础设施是一项需要优先投资的公共基础设施。

另有学者通过对新泽西州的相关案例进行研究，提出了下面几项准则：第一，对最大最为重要的开放空间节点予以保护；第二，对开放区域的连通性予以维护和增强；第三，对具有发展潜力的绿道提供足够的空间，以确保绿道的"连接"和"节点"；第四，提供多样的绿道连接方式，提高网络的复杂性，增强网络的稳定性。

在对大量绿色基础设施的实践进行综合分析后，可总结出以下几点规划原则。

1. 优先性

必须基于"生态优先"原则，在土地开发之前评估土地现状，进行绿色基础设施的规划和设计，使自然生态系统处于核心和主导地位，保证关键的网络中心和连接廊道的生态功能的发挥。而在那些因无序开发造成栖息地破碎变成孤岛的地区或区域，则需通过绿色基础设施规划可以重新将破碎化的绿斑进行整理修复，并寻求适宜廊道将其进行网络化连接，再划定为绿色保护空间，其生态效益的恢复可使人类和自然同时获益。

2. 整体性和系统性

绿色基础设施作为一项战略性保护策略，理应被视为一个整体体系来进行保护以及发展，需构建一个可以对环境进行考虑以及整合的景观学办法，只有将环境生态体系分析作为前提和基础，才能对发生在景观体系以及自然体系当中的变化进行理解，发挥其作为整体生态系统的功能。因此，采取孤立保护的措施会使生态进程和功能受到影响，不利于减少人类建设快速增长给生态系统功能和服务所造成的威胁。

3. 连通性

绿色基础设施的核心内容是连通性，包含自然、社会和经济网络的连通。这三者中，自然体系网络的连通是最为主要的，凭借对自然资源价值予以描述和定义，突显空间网络功能，遵循场所特性，并将其生态、社会、经济进行连接，使绿色基础设施网络效益最大化，促进社会经济的稳定发展。

4. 多尺度

绿色基础设施规划需要在规划区域与周边区域，甚至是更大范围进行协调，并且不受限于行政管辖。所以面对不同的空间尺度时，绿色基础设施需要从不同的类型、规模上开展思考，科学地解析景观尺度。作为一个完整体系的框架，绿色基础涵盖广泛的地域，既能够小到一个花园，也可以大到国土范围内的所有生态保护网络。

5. 公共性

绿色基础设施是一项重要的公共设施，社区资源的保护和恢复、休闲以及其他公共价值和益处是每一个人都应该共享的，尤为重要的是这一设施能够降低其对其他基础设施的需求。作为一个基本的预算项目，绿色基础设施理应如同其他灰色基础设施一样，在年度预算当中被计划和安排。

6. 综合性

想要促进绿色基础设施的前进发展，仅仅依靠单一的学科或科学是根本不可能的，绿色基础设施必须依靠科学合理的土地规划，依靠地理学、景观生态学、区域以及城市规划、交通规划以及景观设计等有关专业的支撑。因此，绿色基础设施规划也必须综合考虑城市生态、经济、社会文化的多样性对城市绿色基础设施安全格局的影响，综合集成多种对策和途径，基于系统观解决城市生态安全问题。

7. 协调性

行政管理机构、研究和教育机构、土地所有者、环境保护组织、社区等通常是绿色基础设施的规划与管理的各个利益相关者，但它们各自具有不同的背景、诉求与目标。各项绿色基础设施的实施要想达到预期的目标，就必须建立这些利益相关者彼此间的联盟以及互相关系，并且通力合作才能完成弥合保护行动和其他规划间的空缺，必须采取公开的论坛和讨论，激励大家共同参与。

8. 长期性与可持续性

绿色基础设施为人类提供多种功能服务，由自然生态系统、半自然生态系统以及人工生态系统组成，在空间上具有稳定性，在时间上具有持续性，并且随着城市化发展，需要不断调整格局模式以适应变化，对不同时期、不同生态功能需求进行调节，因此要经过长期的经营才能实现可持续发展与稳定增长。

（二）绿色基础设施的规划方法

1. 以水平生态过程作为根据的空间分析法

以水平生态过程作为根据的空间分析法的出现，主要是随着地理信息系统在景观规划和景观生态学中的应用而出现的，可以说，没有地理信息系统在景观规划和景观生态学中的应用，就不会有这种方法。由于景观生态学关注横向的生态过程和景观格局，因此，使人们对景观过程的认识更加直观和深入，为绿色基础设施规划提供了新的视角和理论基础，也为地理信息系统分析技术的快速发展提供了保障。

绿色基础设施及绿地网络规划都非常重视水平生态过程的保护与控制，比如通过生物迁徙路径建立廊道，提供积极的策略解决自然栖息地破碎化问题，并建立和完善生态景观格局。地理信息系统"最小费用距离"模型的运用最为广泛，与此同时对生物体的行为特点以及景观的地理学信息予以充分考虑，并以此为依据对廊道的位置与格局予以确定，并以最小距离模型作为前提依据，依靠对生物运动、城市扩张等水平生态过程的模拟，对景观中起到关键生态作用的踏脚石、网络中心、连接廊道以及这三者之间形成的空间关系进行确定，建构系统的、适宜的景观安全格局。

2. 以垂直生态过程为依据的叠加分析法

在麦克哈根所提出的人类生态规划概念中首次运用适宜性分析方法，对人类活动和景观单元以及土地利用间的垂直过程更加重视，着重分析地理—土壤—动植物与人类活动及土地利用之间的垂直过程和联系，采用"千层饼"式的叠加方法使分析结果得以直观地呈现。

3. 形态学空间格局分析法

形态学空间格局分析法是基于形态空间格局分析的图像处理方法，根据腐蚀、膨胀、开启、闭合数学形态模型，对栅格图像的空间格局进行度量、识别和分割，并通过一些系列的栅格化的地表地图的常规影像处理方法来对斑块、廊道和地表相关的结构进行识别和分类，在一定程度上也能够基本呈现对地表数据的连续性变化的表达。

相较于其他绿色基础设施建构的方法，形态学空间格局分析法对数据的要求相对较低，仅仅需要采用土地覆盖数据，而不需要对多层数据进行叠加，依据某一指定边界的内部性对网络中心予以确定，连接廊道则根据邻域原则确定，从而形成完整的网络结构。此方法不单单能够对网络中心以及廊道的位置予以判断，还能对不同类别的廊道进行识别。

4. 各种构建方法的比较与评价

以上几种对绿色基础设施格局以及要素予以确定的办法，其目的在于能够发现潜在的廊道以及枢纽，进而实现网络间的彼此连接，但其做法与想法之间存在明显的差别，其办法也是各有千秋。垂直叠加的办法比较粗略，但对于小区域或者是对绿色基础设施要求确切的情况下比较便捷；以水平生态过程作为根据的分析办法较为复杂，对相关数据的要求比较高，但对生物多样性的保护比较适用，其有很详细的物种调查数据，或者对其他水平生态过程的状况予以强调；较为抽象的是网络和图论分析，没有充分考虑功能性连接，对定量评价连接度比较有用，对规划方案获得的效果能够较为便利地予以评价，通过结合重力模型能够对优先保护地区予以选择；对于具体的生态过程以及功能连接性，形态学办法并未予以考虑，但其非常详细地对几何连接性进行了评估，对相关数据的要求比较少，分析起来很是方便，比如先采用最小费用距离模型来确定潜在廊道，再根据网络连接度指标来选择方案，或是结合垂直叠加法以及水平生态过程进行分析。

九、绿色基础设施的构建程序

绿色基础设施强调的是通过策略性的空间框架的构建，提供给城市积极发展的机会，以利于土地的可持续和永续利用。西方国家的学者将绿色基础设施定位为战略性的保护框架，并提出了多项原则。

绿色基础设施规划程序因规划对象的差异而有所不同，在具体的规划编制和实施方面，国外已积累了大量经验。

ECOTEC 和麦克唐纳等分别以西欧和美国的绿色基础设施规划案例为基础，对其规划的一般步骤进行了梳理，分别提出了五步骤和四步骤两大方法。

（一）ECOTEC 以目标为导向的五步骤规划方法

1. 确定合作伙伴和优先事项

通过对现有地方或区域战略的解读，确定绿色基础设施建设的利益相关者，确定绿色基础设施可以推动的战略重点和难点，制定政策评估框架，确定下一步规划的方向和重点。

2. 数据整理和制图

通过数据采集和综合分析整理，确定现有绿色基础设施的组成、质量、分布、连通性及其与周边土地利用和人口分布特征的关系。一般基于地理信息系统分析平台，可以对土地利用、地理信息数据等以及其他社会、经济、生态等数据和信息进行分析，建立基础数据库，为进一步规划提供支持。

3. 功能评估

在进行功能评估的过程中，要注意综合土地利用、历史景观、城乡布局和生态等因素，对规划区内绿色基础设施的构成和质量进行详细分析，并且要深刻剖析现有绿色基础设施所具有的功能，将可提供的潜在效益用图解的方法展现出来。

4. 必要性评估

该步骤由时势评估和未来预测两部分组成，无论是时势评估还是未来预测，都需要在功能评估的基础上，立足生态效益、经济效益和社会效益最大化。首先要结合当地特色，判断现有绿色基础设施的支持程度。如果想要判断当地绿色基础设施的不足以及潜在的可塑性功能，需要结合城市的战略重点。最终识别出哪些类型的绿色基础设施应该维护和改进，哪些类型的绿色基础设施需要创建，在此过程中，可以结合图示进行直观的表达。

5. 干预性计划

干预性计划即指导绿色基础设施规划实施的行动计划。通过前面的数据采集和分析，形成较为完整的数据库，并且在此基础上形成最终的绿色基础设施规划方案；积极参与区域、次区域和战略伙伴地方政策的制定和商榷，确保制定出符合现实情况的，切实可行的执行机制；积极推广绿色基础设施规划思路和策略，并将其纳入土地利用等发展规划中，实现统筹协调；注重规划的可行性，制定有效可行的融资方案。

（二）麦克唐纳等归纳的目标设定、分析、综合和实施四步骤法

1. 目标设定

正如麦克唐纳等总结的那样，目标设定过程应该注意强调规划指导目标，在这里，这个规划指导目标是融合多方利益相关者、专家、政府等组成的领导组。在开展规划的过程中，要注重从景观尺度上着手开展，强调对区域资源如何受益、如何相互作用以及如何被周边区域生态系统影响等综合作用过程的分析。

2. 分析

分析强调生态学理论、土地利用规划理论和景观尺度方法的应用，重点关注生态系统与生态过程之间的关系，以及景观特征与人工环境的关系。迄今为止，在地理信息系统技术支持下，以生态学理论为基础，以不同土地利用方式为补充，通过创建和提取生态"集水区"和"走廊道"构建区域绿色基础设施网络，在这种情况下构建的区域绿色基础设施网络在处理和分析方法方面具有很强的普适性。

3. 综合

综合过程是绿色基础设施规划的关键部分，通过审视现有绿色基础设施保护状况，以绿色基础设施网络为理想分析模型，对比分析两者的差异，可以了解什么是绿色基础设施。将处于经济发展过程中，即将面临巨大威胁和需要重点保护的区域以地理图件的形式呈现出来。

4. 实施

最后，建立优先保护体系作为规划实施的决策支持体系，并在此基础上制定能够指导规划实施结果的土地保护战略，形成实施机制和筹资方案，并在此基础上制定实施过程，并加以推进。

国内学者曾通过比较其中较有代表性的几个国家和地区的绿色基础设施规划项目，将绿色基础设施规划的具体步骤归纳成以下六个步骤：

（1）前期准备：划定规划区研究范围及研究尺度，落实项目资金和相关政策研究。

（2）资料搜集：搜集绿色基础设施要素现状的数据。

（3）分析评价：对搜集的数据进行筛选、整理、分析及评价。

（4）确定绿色基础设施要素和格局：依据选取的绿色基础设施要素及其相关分析，划定绿色基础设施的格局，满足保护与发展的共同需求。

（5）绿色基础设施综合：将规划设计的绿色基础设施格局与现状进行反馈调节，协调各方利益需求，最大限度地保障设计的合理性。

（6）实施与管理：依照规划设计进行项目实施，并注重实施及项目后期的维护和管理，强化绿色基础设施完成后的生态效益评估。

此外，寻求其他组织和公众的参与，并且收集他们的意见是绿色基础设施成功实施的关键，但目前看来，这也是现有绿色基础设施规划中相对薄弱的环节。因此，要想更好地实施，最好让地方建设管理机构、房地产开发商、旅游业从业人员和公众等各方都参与到整个过程中，建立良好的评价和反馈机制。

第三节　海绵城市理论与规划建设

我国的城镇化必须进入以提升质量为主的转型发展新阶段，必须坚持新型城镇化的发展道路，协调城镇化与环境资源保护之间的矛盾。建设具有自然积存、自然渗透、自然净化功能的海绵城市是生态文明建设的重要内容，是实现城镇化和环境资源协调发展的重要体现，也是今后我国城镇建设的重大任务。

一、海绵城市——低影响开发雨水系统理论概述

（一）海绵城市的建设背景

随着城镇化进程的不断加速，我国城市的生态安全问题逐渐凸显。其中，水资源缺乏和城市内涝已成为维护城市自然生态安全而亟待解决的问题。此外，建筑面积的增加和植被覆盖面积的缩减，导致了城市土地覆盖方式的改变。与农村自然地表相比较，不透水地表面积的增加使自然的水文循环被迫阻断，致使城市降雨量、降雨强度和降雨时间大幅增加，产生降雨径流系数增大、汇水时间缩短

等问题，从而使城市河道的洪峰值提升、出现时间提前。而市政排水系统取代了原有自然地表对雨水的蓄留、净化、渗透等过程，造成城市灰色基础设施排水压力过大、地下水得不到补充等城市生态问题。因此，要实现城市的可持续发展，必须首先解决城市的生态安全问题。

作为缓解城市雨洪问题的有力对策，海绵城市的主要作用就是缓解城镇化建设中遇到的内涝问题，从而削减城市径流污染负荷，最后实现节约水资源的目的。

（二）海绵城市相关理论的实践应用

近20年来，英国、美国、澳大利亚等国家在城市化进程中面临着众多问题，经常面临内涝频发、径流污染加剧、水资源流失、水生态环境恶化等问题。因此，在这些国家，城市雨洪可持续发展的管理制度和相关措施已制定并付诸实施。

1. 可持续城市排水系统（英国）SUDs

可持续城市排水系统的建设理念是模仿自然排水系统，试图创建高效的、环境影响较低的排水方式，以收集、储存、净化地表径流，防止初期雨水中裹挟的污染物释放到自然水体中，危害动植物生境。可持续城市排水系统排水模式是一种易于管理的系统，不需要额外能量的输入，具有弹性和适应性，兼具美学吸引力和环境功能，如下凹式绿地、雨水花园等，既可以截留、蓄积和过滤雨水，保护和提升地下水质量，也能够为野生动物提供栖息地。

2. 水敏感性城市设计（澳大利亚）WSUD

水敏感性城市设计以水循环为核心地，也就是将雨水、饮用水和再生水的管理作为城市水循环的节点之一，这些子节点相互联系、相互影响，共同形成有机整体。其中，雨水系统是WSUD中最重要的子系统，这个系统的重要性也是不言而喻的。可以说，只有维持雨水子系统的良性运行，才能使城市的良性水循环得到有效维持，并且最大限度地保留城市水循环的整体平衡，进而保护当地水环境的生物多样性和生物栖息地，以实现水环境的生态和景观等多重价值。

3. 最佳雨洪管理措施（美国）BMPs

最佳雨洪管理措施不仅是雨水径流控制、沉积物控制、土壤侵蚀控制技术，也是预防和减少非典型来源污染的管理决策。除了防止高峰暴雨地表径流外，其目标还包括增加水资源的利用、改善暴雨期间的水污染，减少洪水带来的灾害，使径流最小化，减少水土流失，维持地下水补给，减少面源污染。并确保河道的生物多样性和完善性，减少污染径流，提高水体服务功能，确保公共安全。

4. 低影响开发理论实践（美国）LID

低影响开发理论实践强调在保护必要的场地水文循环功能的前提下进行发展，主要是通过植物群落和土壤覆盖物对雨水及径流进行蓄留和过滤，促进其下渗，并通过减少不透水铺装的面积，延长雨水径流的流动通道和汇流时间，以综合技术应用模拟开发前场地中雨水蓄留、渗透、径流总量和速度等水文调蓄功能。

5. 绿色基础设施（美国）GI

与空间的保护和规划不同，绿色基础设施的研究和实践对象不仅仅是土地本身，更强调绿色开放空间在生态系统管控中的作用，雨洪管理是其功能的一部分。绿色基础设施实践的目标是利用自然生态系统的多种功能，履行城市基础设施的服务功能，同时保持和恢复生态系统的稳定性，提高社会效益和经济效益。绿色基础设施的概念认为城市问题的根源是土地开发和保护战略对生态系统甚至社会产生的多重影响，强调从源头管理实际问题，并应用一系列环境技术来缓解问题的严重性。

雨洪最佳管理措施、低影响开发和绿色基础设施是美国提出的雨洪管理三个不同的理念，这三个理念之间既存在区别，也有交叉，它们不仅为雨洪管理提供战略指导和技术支持，还为雨洪管理提供基础和建设依据。

（三）海绵城市的概念

海绵城市是指像海绵一样在适应环境变化和应对自然灾害方面具有良好"弹性"的城市，在下雨时吸水、蓄水、渗水、净水，并在需要时将"蓄水"加以利用。海绵城市建设应遵循生态优先原则，将自然方法与人工措施相结合，最大限度地对城区雨水进行收集、过滤和处理，促进城市排水安全，提高雨水资源的利用率，实现环境保护。在海绵城市建设过程中，要协调自然降水、地表水和地下水的系统性，协调供水、排水等水资源循环利用的各个环节，在这过程中要注意考虑其复杂性和长期性。

要想建设海绵城市，可以从以下三个方面着手：一是保护城市原生态系统。城市原生态系统主要包括城市原有的河流、湖泊、沼泽、池塘、沟渠等水生态敏感区，对于这些城市的原生态系统要注意保护。只有这样，才能维持城市开发前的自然水文特征。也就是说，建设海绵城市的基本要求就是为城市留有足够涵养水源以及应对较大强度降雨的林地、草地、湖泊、湿地等；二是对受损水体等自然环境进行生态修复，保护一定比例的生态空间；三是低影响开发。在开发城市建设过程中，不能一味无休止开发，而是要按照对城市生态环境影响最低的开发建设理念，合理控制开发强度。具体来讲，就是在城市中保留足够的生态用地，控制城市不透水面积比例，最大限度地减少对城市原有水生态环境的破坏。另外，还要根据需求适当开挖河湖沟渠，增加水域面积，促进雨水的积存、渗透和净化。

（四）低影响开发雨水系统的概念

低影响开发实际上指的就是在城市开发过程中，采取一系列措施，将城市在开发前的水文特征，最大限度地保存下来，一般常采用的措施包括源头、分散式措施等，这些措施的选择，以及城市原有水文特征的保存，是在城建建设设计之初就设计好的，因此，低影响开发也称为低影响设计或低影响城市设计和开发。归根结底，低影响开发的核心就是维持场地开发前后的径流总量、峰值流量、峰现时间等水文特征不变，如图 5-3-1 所示。

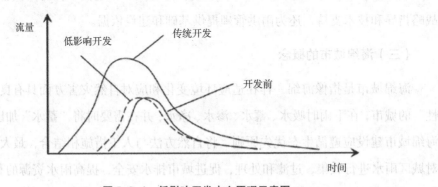

图 5-3-1　低影响开发水文原理示意图

低影响开发的概念最初是为了强调从源头对径流进行控制而提出的。然而，随着低影响发展理念和技术的不断发展，城市内涝、径流污染、水资源稀缺、土地稀缺，以及我国城市规划和基础设施建设过程中遇到的其他突出问题的复杂性，低影响开发的含义在我国已经延伸至源头、中途，以及末端不同尺度的控制措施。城市规划过程应在城市规划、设计、实施等环节中纳入低影响开发的内容，协调城市规划、排水、园林、交通、建筑、水文等专业，共同落实低影响开发目标。从这个层面来讲，低影响开发在广义上是指在城市规划建设过程中使用源头削减、中途传输、终端调蓄等各种工具和手段，通过渗、滞、蓄、净、用、排等各种技术，使城市良好的水文循环得以实现。

（五）海绵城市建设的六大要素

（1）渗：渗透。在开发过程中利用环境手段保护或恢复城市开发前的自然水文特征。海绵城市鼓励建造可渗透的下垫面，以最大限度地提高雨水的渗透率。

（2）滞：即通过模拟自然来增加径流时间以减少径流峰值并延迟峰值出现时间。在绿化设计过程中，滞留塘、下沉式绿地和雨水花园可用于景观设计。

（3）蓄：调节蓄水。就是增加主要蓄水空间，保证雨水在排放前有更多的雨水被场地设施截留和蓄水，减少高峰流量，方便雨水的利用。

（4）净：净化。利用生物手段减少径流污染，使城市绿地和水体保持和恢复水处理能力。主要可采取人工湿地、河岸生态过滤池等措施。

（5）用：使用。海绵城市建设与低影响开发同传统排水系统的最大区别在于"回归自然水文循环"，合理使用不仅可以让水资源安全、定期排放，还能有效减少水资源短缺，节水减排。

（6）排：排放。传统的排水系统必须结合低影响开发雨水系统来组织径流雨水的收集、输送和排放。通过强调"慢排缓释"发挥排水防涝的功能。可结合城市竖向与人工机械设施，排水防涝设施与天然水系河道，地面排水与地下管渠。

二、海绵城市——低影响开发雨水系统构建原则

（一）规划引领

在城市各区域的规划建设中，要先落实海绵城市建设和低影响开发雨水系统

建设的内容，先规划后建设，体现规划的科学性和权威性，使规划的控制和主导作用得到充分发挥。

（二）生态优先

在城市规划中，要科学划定蓝、绿线。城市规划建设要保护河流、湖泊、湿地、坑塘、沟渠等水生态敏感区域，自然排水系统和低影响开发设施要注意优先利用，以实现自然蓄积、自然渗透、自然净化和水循环的可持续发展。改善水生态系统自然更新的能力，保持城市良好的生态功能。

（三）安全为重

以保障人民群众生命财产安全、社会经济安全为抓手，全面实施工程和非工程措施，提高低影响开发设施的建设质量和管理水平，消除安全隐患，强化灾害预防能力；保障城市水安全。

（四）因地制宜

由于地区的不同，其自然地理条件、水文地质特征、水资源匮乏现状、降雨规律、水环境保护和内涝防治要求等均有所不同。各地根据不同的特点，合理确定低影响开发控制目标与指标，并且进行科学规划，比如可以选用下沉式绿地、植草沟、雨水湿地、透水铺装、多功能调蓄等低影响开发设施及其组合系统。

（五）统筹建设

项目要与城市总体规划和建设相结合，在各项建设项目中严格执行各级相关规划中规定的低影响开发控制目标、指标和技术要求，统筹建设。低影响开发设施必须与建设项目的主体工程同时进行规划、设计、施工和投入使用。

三、海绵城市——低影响开发雨水系统构建内容和方法

在海绵城市规划设计阶段，应对各类低影响开发设施及其组合进行科学合理的平面和竖向设计，按照城市绿地系统规划建立低影响开发雨水系统。低影响开

发雨水系统建设与本地区规划控制目标、水文、气象和土地利用条件密切相关，因此，在进行低影响开发雨水系统的构建的时候，面对低影响开发雨水系统的流程、单项设施或其组合系统时，有必要进行系统、技术和经济研究、分析和比较，以优化项目选择。海绵城市的设计流程，如图5-3-2所示。

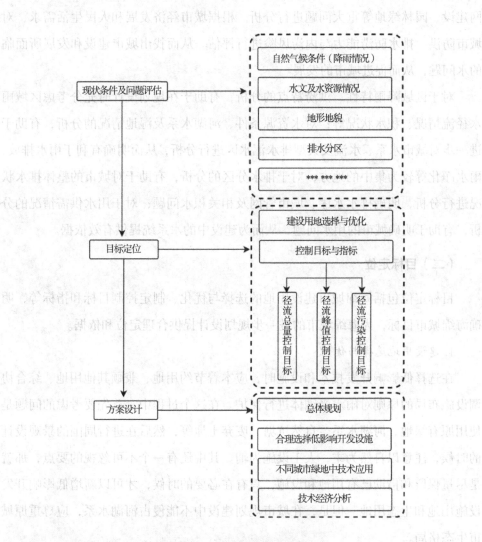

图5-3-2　海绵城市设计流程图

（一）现状调研分析

现状调研内容包括城市区位条件、地质水文条件、降水特征、洪涝点、水资源条件、河湖水系和湿地、水资源供需情况、水环境和水生态条件等。在对这些情况进行调查后，以此为依据对区域河湖水系、城市排水防涝系统现状、市政管网建设、园林绿地等重大问题进行分析。根据城市经济发展和人民生活需求，对城市防洪、排水防涝能力与内涝风险进行评估。从而找出城市建设和发展所面临的水问题，从而促进城市的发展。

对于区域降雨特性、洪涝特点的分析，有助于在规划设计时充分考虑区域雨水径流情况、积水状况等；对水资源条件、河湖水系及湿地情况的分析，有助于进一步对城市水系、水流及大型排水汇水区进行分析，从而明确有利于雨水排放、雨水净化等较为集中的地方；对于排水分区的分析，有助于对城市的整体排水状况进行分析，明确排水水序、城市管网及相关积水问题；对于用水供需情况的分析，有助于明确城市的用水问题，从而为建设中的水系统提供有效依据。

（二）目标定位

目标定位包括海绵城市建设用地的选择与优化、制定控制目标和指标等，明确海绵城市目标，为海绵城市的进一步规划设计提供合理定位和依据。

1. 建设用地选择与优化

在选择低影响开发技术和设施时，应本着节约用地、兼顾其他用地、综合协调设施布局的原则对雨水受纳体进行保护。在这个过程中，首先要考虑的问题是使用原有绿地、河湖水系、自然坑塘、废弃土地等，然后在进行周围的景观设计的时候，注意以自然为主，人工设施为辅。其中还有一个不可忽视的要点，那就是尽量保留和借助已有用地和设施，只有在必要的时候，才可以新增低影响开发设施用地和生态用地。但是，在城市规划建设中不能侵占河湖水系，应尊重原城市生态格局。

2. 制订控制目标和指标

在海绵城市的规划设计中，应根据当地的环境条件、经济发展水平等，确定适用于本地的径流总量、径流峰值和径流污染控制目标及相关指标。

（1）径流总量控制目标

一般以年总径流控制率作为控制目标。在各地城市规划建设过程中，可将年径流总量控制率目标分解为单位面积控制容积，并将其作为实现径流总量控制目标的综合控制指标。常见的径流总量控制方法包括雨水下渗减排、直接收集和使用。

（2）径流峰值控制目标

考虑降雨频率和类型、低影响开发设施建设、维护和管理条件等因素。低影响开发设施一般对中度降雨和小量降雨事件的峰值削减效果较好，而对特大暴雨事件来说，尽管也可以起到一定的错峰、延峰作用，但其峰值削减幅度往往较低。与此同时，作为城市内涝防治系统的重要组成部分，低影响开发雨水系统，应与城市雨水管渠系统及超标雨水径流排放系统相衔接，力求建立从源头到末端的全过程雨水控制与管理体系，从而共同达到内涝防治要求。

（3）径流污染控制目标

既要控制分流制径流污染物总量，也要控制合流制溢流的频次或污染物总量。设计时应结合当地城市水环境质量要求和径流污染特征确定径流污染综合控制目标和污染物指标，污染物指标可以是悬浮物、化学需氧量、总氮、总磷等。鉴于水污染物变化的随机性和复杂性，径流污染控制目标通常也通过径流总量控制来实现，并结合径流雨水中的平均污染物浓度和低影响开发设施的污染物去除率来确定。

（三）海绵城市——低影响开发雨水系统构建措施

在确定目标定位后，要对场地进行规划设计。首先，要依据绿地系统分类标准进行总体规划布局；其次，在充分了解低影响开发技术后，依据场地现状分析选择技术类型，合理选择低影响开发设施；最后，针对不同绿地类型综合布局低影响开发技术，构建绿色基础设施，形成雨水系统。

1.总体规划

在海绵城市总体规划中，应当结合城市绿地系统分类标准，从面到点，依据排水分区，结合场地周边用地性质、绿地率、水域面积率等条件，综合确定不同绿地类型，即公共绿地、广场绿地、道路绿地、附属绿地和防护绿地，对应低影响开发设施的类型与布局。并且注重公共开放空间的多功能使用，高效利用现有设施和场地，将雨水控制与景观相结合，建造弹性城市景观。

在总体规划层面的低影响开发雨水系统构建的步骤如下：

（1）尽可能了解和掌握场地信息，包括场地及周边一定环境范围的上位规划，上位规划对项目场地提出的雨洪管理控制指标，场地自身的水文、土壤、陆生、水生生境情况、开放空间分布以及排水分区的划分和规模等。

（2）制订针对场地问题、适宜于场地现状条件的雨洪管理目标和管理系统。

（3）明确适宜进行低影响开发雨水措施建设的位置和规模。

（4）结合拟进行低影响开发雨水措施建设地块的使用功能、景观需求等，提出各措施的景观规划方案。

（5）跳回整个景观规划层面，对规划的过低影响开发措施的功能定位、规模设计以及景观设计进行审核，比照总体目标，进行调整和完善。

2. 技术类型选择

在总体规划的基础上，要充分了解低影响开发各类技术，为技术的选择与布局提供有效依据。低影响开发技术按主要功能一般可分为保护修复、渗透、储存、传输净化等几类。

（1）保护修复技术

生态驳岸指在河道驳岸处理过程中，将硬化驳岸恢复为自然河岸或具有自然河岸特点的可渗透性的人工驳岸，以减少人工驳岸对河流自然环境的影响。生态驳岸的建设首先要保证城市的防洪排涝对驳岸侵蚀、冲刷和防洪标高的要求；并采用碎石、石笼、生态混凝土等具有一定抗冲刷能力的材料和结构作为基础，栽种耐水湿乔木，灌木和水生、湿生植物；根据常水位及储存水位等不同水位的变化幅度，选择适宜的植物种类。

（2）渗透技术

透水铺装可由透水混凝土、透水沥青、可渗透连锁铺装和其他材料构成。透水铺装结构应符合《透水砖路面技术规程》（CJJ/T188）、《透水沥青路面技术规程》（CJJ/T190）和《透水水泥混凝土路面技术规程》（CJJ/T135）相关规定。在进行透水铺装时可能会面临一些特殊的情况，这个时候应该因地制宜，根据实际情况适时采取相应的策略。例如，透水铺装并不是所有情况都适用，当一个地区的路基强度和稳定性受到透水铺装的影响，会大大下降时，就会存在较大的安全隐患，这个时候就不能使用全透水铺装了，而是要用半透水铺装；不同的地区，其土壤状况也是不同的，有的地区透水性好，而有的地区的土壤透水能力则比较差，这时，就不能直接进行透水铺装，而是要先设置排水管或排水板，并将其安装在透水基层内。还有一种情况是需要注意的，那就是有时候需要在地下室顶板上设置透水铺装，这时候，鉴于透水铺装的地点的特殊性，在进行覆土的时候，要注意厚度在 600 毫米以上，除此之外，还要增设排水层。

（3）储存技术

第一种，雨水调蓄池。雨水调蓄池指的是具有很大的蓄水能力，兼具良好滞洪、净化等生态功能的雨洪积蓄利用设施。蓄水池可采用混凝土池、塑料模块蓄水池、硅砂砌块蓄水池等。蓄水池可分为开敞式和封闭式、矩形池和圆形池。

第二种，湿塘。湿塘指具备雨水调蓄和净化功能的景观水体，雨水是其主要补水水源。湿塘的建设应接纳汇水区径流处，采用碎石、消能坎等设施，防止水流冲刷和侵蚀；采用碎石或水生植物种植区作为缓冲区，消减大颗粒沉积物；主塘包括常水位以下（或暴雨季节闸控最低水位）的永久容积，永久容积水位线以上至最高水位为具有峰值流量消减功能的调节容积。

第三种，人工湿地。人工湿地是指利用湿地净化原理设计为表面流或垂直流的高效雨水径流污染控制设施，一般应用于可生化降解的有机污染物和 N、P 等营养物质，颗粒物负荷较高的雨水初期径流应设置前段调节或初期雨水弃流设置。潜流人工湿地表面没有水，表流人工湿地表面水深一般为 0.6～0.7 米，水力停留时间为 7～10 天，水力坡度为 0.5%，表面积约为 4000 平方米。人工湿地需要一定的地形高差形成定向水流，且选择具备一定耐污能力的水生湿生植物。

（4）传输净化技术

第一，绿色屋顶。绿色屋顶是用植物材料代替裸露的屋顶材料，植物覆盖能够滞留和蒸发雨水，其功能是减少雨水径流。基质深度可根据植物需求及屋顶荷载确定，除植物层外，应有净化过滤层，厚度不小于 50 厘米，种植坡度不大于 12°。

第二，生态植草沟。植草沟是通过种植密集的植物来处理地表径流的设施，利用土壤、植被和微生物来过滤雨水、减缓径流，可用于衔接其他各单项设施、城市雨水灌渠和超标雨水径流排放系统。针对不同场地，植草沟的面积占比和宽度均不同。

第三，雨水花园。雨水花园是自然形成或人工挖掘的浅凹绿地，种植灌木、花草，形成小型雨水滞留入渗设施，用于收集来自屋顶或地面的雨水，利用土壤和植物的过滤作用净化雨水，暂时滞留雨水并使之逐渐渗入土壤，且不同区域条件下雨水花园类型不同，其材料及尺度均不同。

第四，种植池。种植池是有立体墙面、开放或闭合底部的城市下沉式绿地，吸收来自步行道、停车场和街道的径流。种植池中水位高出一定高度可通过设在种植池内的溢流口进入雨水径流排放系统。种植池在密集城市区域中是理想的节约空间的街景元素。

第五，植被缓冲带。植被缓冲带为坡度较缓的植被区，经植被拦截和土壤下渗作用减缓地表径流流速，并去除径流中的污染物。植被缓冲带坡度一般为2%～6%，宽度不宜小于2米。

3. 合理选择低影响开发设施

低影响开发设施往往具有地下水补给、储存和利用、减少峰值流量、雨水净化等多重功能，可以实现径流总量、径流峰值和径流污染等多个控制目标。因此，应根据城市总规划、专项规划及详规明确的控制目标，结合汇水区特征和设施的主要功能、经济性、适用性、景观效果等因素，灵活选择低影响开发设施及其配套系统。

不同土地利用类型的低影响开发对象的选择，应根据不同土地利用类型的功能、土地利用结构、土地利用规划、水文地质等特点。

4. 不同城市绿地类型中的应用

在海绵城市设计思想的指导下，各类城市绿地应根据实际情况，采用适当的低影响开发技术及其组合系统，并结合景观设计增加雨水调蓄空间。

（1）公共绿地

公共绿地（公园绿地、街旁绿地）是相对较为封闭的绿地系统，绿地内部包含了绿地、道路与建筑物等，公园绿地进行低影响开发应选择以雨水渗透、储存、净化为目的的设施。这些设施与区域内的雨水管渠系统和超标雨水径流排放系统相衔接，还可以根据场地条件不同，结合景观小品来灵活地进行适当设置。通过减少地表径流、增加雨水下渗、最大化利用雨水资源，实现公园绿地中可持续的雨水管理和利用。

公共绿地（含公园绿地和街旁绿地）应首先满足自身的生态功能、景观功能，在此基础上应达到相关规划提出的如径流总量控制率、绿地率、透水铺装率等低影响开发指标的要求。公园绿地适宜的低影响开发设施有植草沟、雨水花园、雨水调蓄池、种植池、透水铺装、植被缓冲带、生态驳岸、人工湿地、湿塘等。

雨水利用以入渗及自然水体补水与生态净化回用为主，应避免采取建设维护费用高的净化设施。土壤入渗率低的公园绿地以储存、回用设施为主；公园绿地内景观水体应作为雨水调蓄设施，并与景观设计相结合。景观水体可与蓄水设施、湿地建设有机结合，雨水经适当处理可作为公共绿地的灌溉、清洁用水。

低影响开发设施内植物宜根据设施水分条件、径流雨水水质进行选择，宜选择耐涝、耐旱、耐污染能力强的乡土植物。公共绿地低影响开发雨水系统设计应满足《公园设计规范》（GB51192—2016）中的相关要求。有条件的河段可采用生态缓冲带、生态驳岸等工程设施，以降低径流污染负荷。

（2）广场绿地

广场绿地是相对开放的绿地，该类型绿地选择的低影响开发设施应以雨水渗透、储存、净化等为主要功能，消纳自身及周边区域径流雨水，径流雨水经雨水灌渠系统和超标雨水径流排放系统排入市政雨水管网。

广场绿地宜采用透水铺装、植草沟、雨水花园、种植池、人工湿地、绿色停车场等低影响开发设施消纳径流雨水。广场宜采用透水铺装，直接将雨水渗入地下，从而有效回补地下水；除使用透水铺装外，还应合理设置坡度，保证排水，使周围绿地能合理吸收利用雨水；机动车道等区域初期雨水有机污染物及悬浮固体污染物的含量较高，道路雨水收集回用前应设初期雨水弃流装置，将该部分径流收集排至市政雨水管网。其中，绿色停车场是指通过一系列低影响开发技术的综合运用来减少停车场的不可渗透铺装的面积。诸多常用的低影响开发单项技术均可综合运用到广场和停车场设计中，如植草沟、雨水花园、透水铺装等。

（3）附属绿地

附属绿地包括小区绿地、单位绿地等独立单元式的绿地，应将其建筑屋面和道路径流雨水通过有组织地汇流与传输，引入附属绿地内的雨水渗透、储存、净化等低影响开发设施。可通过对不透水铺装的面积限制、对屋顶排水的要求、植被浅沟和调蓄水池的设计等方面进行雨洪控制管理。

附属绿地可通过落水管截留、绿色屋顶、植草沟、雨水花园、种植池、透水铺装、人工湿地、湿塘、蓄水池等低影响开发设施来消纳自身径流雨水；可采取落水管截留设施将屋面雨水引入周边绿地内分散的植草沟、雨水花园等设施，再通过这些设施将雨水引入绿地内的蓄水池、湿塘、人工湿地等设施；附属绿地适宜位置可建雨水收集回用系统用于绿地灌溉；道路应采用透水铺装路面，透水铺装路面设计应满足路基路面强度和稳定性等要求。

小区绿地包括居住用地、公共设施用地、工业用地、仓储用地的附属绿地，它们的绿色基础设施建设具有一定的相似性。建筑小区绿地绿色基础设施的目标以控制径流总量、雨水积蓄利用为主，污染较重区域辅以径流污染削减。建筑小区绿地常用的绿色基础设施有：落水管截留技术、植草沟、雨水花园、透水铺装、生态树池、绿色屋顶、雨水收集利用设备、调蓄塘和人工雨水湿地。进行既有建筑改造时，应优先考虑雨落管断接方式，利用具有一定景观功能的明渠或暗渠的方式，将建筑物屋顶的雨水和硬化地面的雨水引入周边绿化区的绿色基础设施中。可考虑采用绿色屋顶的情况包括平缓屋顶（小于15°）或平屋顶、绿化率低并与雨水收集和处理设施相连的建筑物和社区（新建或翻新）。传统屋顶的建筑物可以利用建筑物周围的绿地来建造雨水花园，以吸收和净化屋顶的雨水。住宅区屋顶表面应选用无污染或污染小的材料，尽量不使用沥青或沥青油毡。有条件时可采用种植屋面。屋面雨水收集回用前应设初期雨水弃流装置。低影响开发设施内植物宜根据设施水分条件、径流雨水水质进行选择，宜选用耐涝、耐旱、耐污染能力强的乡土植物。建议优先采用植草沟等自然地表排水形式输送、消纳、滞留雨水径流，减少小区内雨水管道的使用。在空间局限且污染较重区域，若设置雨水管道，宜采用雨水过滤池净化水质。

（4）防护绿地

防护性绿地是指城市中具有卫生、隔离和安全防护功能的绿地。包括卫生隔离带、道路防护绿带、城市高压走廊绿带、防风林、城市组团隔离等。防护绿地绿色基础设施保护的目标主要是控制地表径流和减少河流污染，其次为进行雨水的调节、收集和利用。可用于防护绿地使用的绿色基础设施主要包括植草沟、雨水花园、调蓄塘、植被缓冲带和生态驳岸。绿化保护区（广场、停车场、建筑物和居民区等）周边汇水面的雨水，应通过合理的垂直设计纳入防护绿地，结合排涝规划要求，设计雨水控制利用设施。防护绿地内部浇灌养护设施与排水设施应合理设计，结合雨水回收利用设施，将蓄水用于干旱季节的灌溉。在植被规划方面，尽量选择乡土树种。此外，结合防护绿地的类型，选择具备不同防护功能（如污染物的去除）的植物。

5.经济技术分析

经济技术分析应重点关注设施规模计算和效益评估两个方面：第一，在设施规模计算方面，对于低影响开发设施的规模的计算，应该以其实际的控制目标和设施的主要功能为基础，进行计算。在计算过程中，要综合运用各种方法，比如容积法、流量法或水量平衡法等。通过对这些方法的综合运用，将得出的结果进行比较，从而从中选出较大的规模作为低影响开发设施的规模。第二，在效益估算方面，在设施规模计算和设施规划建设的基础上，主要对雨水滞蓄率、污染物消减率、径流渗透率等进行计算评估，对规划建设提出合理修正意见，从而进一步印证海绵城市建设对城市雨洪管理调蓄的有效性。

总之，海绵城市——低影响开发雨水系统构建的步骤包括现状调研分析、目标定位、总体规划、技术类型选择、开发设施选择、不同城市绿地类型应用、经济技术分析。低影响开发技术主要包括保护修复技术、渗透技术、储存技术和传输净化技术。

参考文献

［1］徐建刚，祁毅，张翔，等.智慧城市规划方法［M］.南京：南京东南大学出版社，2016.

［2］蔡志昶.生态城市整体规划与设计［M］.南京：南京东南大学出版社：2014.

［3］黄子庭.生态规划理念在现代化城市园林景观设计中的应用［J］.四川水泥，2022（07）：159-160，167.

［4］李珊珊.风景园林人性化设计在城市景观规划中的要点分析［J］.居舍，2022（19）：99-101.

［5］谷康，徐英，潘翔，等.城市道路绿地地域性景观规划设计［M］.南京东南大学出版社，2018.

［6］李沐金.基于"景观装置艺术"视域下当代城市公共环境互动性设计研究［D］.沈阳：鲁迅美术学院，2022.

［7］常程.城市规划中建筑景观设计研究［J］.城市建筑空间，2022，29（06）：118-120.

［8］谢海琴.新时代城市公共空间景观设计探析［J］.美与时代（城市版），2022（06）：58-60.

［9］王永杰，王堞凡.中国传统图形语言在现代城市景观设计中的应用研究［J］.美与时代（城市版），2022（06）：1-3.

［10］胡颖.城市公园广场景观设计［J］.大观（论坛），2022（06）：174.

［11］徐晓丽.基于地域文化特色的城市街道景观设计研究［J］.居业，2022（06）：95-97.

［12］马凤临.基于城市公共文化融合意境空间景观设计"新中式"风格体现［J］.

工业建筑，2022，52（06）：232.

［13］廉庆先.城市开发中园林景观设计的应用策略［J］.城市开发，2022（06）：78-79.

［14］范晓涵.城市意境在景观设计中的发展与延续［J］.现代农业研究，2022，28（06）：126-129.

［15］马艳芳.地域文化视角下城市景观设计思考与应用分析［J］.吉林农业科技学院学报，2022，31（03）：39-42.

［16］董盛楠.基于城市双修理念下的公共空间景观设计探索与发展研究［D］.吉林：东北电力大学，2022.

［17］刘柠菁.园林景观设计在城市规划中的运用探析［J］.美与时代（城市版），2022（05）：31-33.

［18］孟祥伟.海绵城市与景观设计的融合方案设计思考［J］.美与时代（城市版），2022（05）：70-72.

［19］徐承凤.植物景观在城市景观设计中的美学功能［J］.植物学报，2022，57（03）：405-406.

［20］刘滨谊.现代景观规划设计［M］.南京：南京东南大学出版社，2017.

［21］林鹏宇，徐雅楠.城市景观设计中地域文化的挖掘与表达［J］.建筑与预算，2022（04）：53-55.

［22］周恒，赖文波.城市公共艺术［M］.重庆：重庆大学出版社，2016.

［23］刘晔.风景园林人性化设计在城市景观规划中的运用［J］.美与时代（城市版），2022（04）：72-74.

［24］刘菲.海绵城市理念指导下冀中南地区校园生态景观设计［J］.现代园艺，2022，45（08）：146-148.

［25］姜玲，马品磊.基于历史环境保护的城市建筑景观设计研究［J］.工业建筑，2022，52（04）：232.

［26］李修清.植物景观设计在城市风景园林建设中的应用研究［J］.现代城市研究，2022（04）：131-132.

［27］李岚.人文生态视野下的城市景观形态研究［M］.南京：南京东南大学出

版社：景观研究丛书，2014.

[28] 杜玮璐.浅析园林景观设计在城市建设中的应用［J］.南方农业，2022，16（07）：214-217.

[29] 刘婧.城市公园植物景观设计［J］.中国建筑装饰装修，2022（07）：56-58.

[30] 栗琳.园林设计在城市景观规划中的应用探析［J］.美与时代（城市版），2022（03）：71-73.